汇编语言程序设计实践教程

林聪仁　编著

厦门大学出版社

图书在版编目(CIP)数据

汇编语言程序设计实践教程/林聪仁编著. —厦门:厦门大学出版社,2011.9
ISBN 978-7-5615-4016-9

Ⅰ.①汇… Ⅱ.①林… Ⅲ.①汇编语言-程序设计-高等学校-教材 Ⅳ.①TP313

中国版本图书馆 CIP 数据核字(2011)第 164667 号

厦门大学出版社出版发行
(地址:厦门市软件园二期望海路 39 号　邮编:361008)
http://www.xmupress.com
xmup @ public. xm. fj. cn
三明华光印务有限公司印刷
2011 年 9 月第 1 版　2011 年 9 月第 1 次印刷
开本:787×1092　1/16　印张:11.5
字数:290 千字　印数:1～2000 册
定价:20.00 元

序

21 世纪，科学技术的发展日新月异，信息化时代的来临使信息科学与技术深入社会生活的各个领域。其发展水平已成为衡量一个国家科技实力的重要标志之一。各国都把培养大量高水平的信息科学人才作为科技发展的重要战略目标。

培养高水平的信息科学人才，应重视学生的工程素质和实践能力的培养，提高学生分析问题解决实际问题的能力，这也是当前社会对毕业生专业技能的要求。各高校通过实验课程、课程设计、毕业设计、毕业实习以及组织各种竞赛来提高学生的实践能力、设计与制作能力。

实验是自然科学的基础，是一切科学创造的源泉。学生在本科阶段存在课程多，学时少，实验、实践锻炼的机会更少的问题。一方面由于扩招引起的指导教师、实验资源不足；另一方面也缺少一批实用、高效的实验教材。在厦门大学出版社的大力支持下，我们组织完成了这套“高等院校信息技术实验教程丛书”的编写工作。参与编写该丛书的作者都是担任相关课程的老师或实验指导老师，该丛书是在相关课程经过多年使用的实验讲义的基础上编写而成，收集了较多不同难度的实验项目，供实验课选择。

“高等院校信息技术实验教程丛书”包括《电子技术实验教程》、《电机与电力拖动实验教程》、《可编程控制器(PLC)实验教程》、《自控原理及计算机控制实验教程》、《过程控制实验教程》、《单片机原理与接口技术实验教程》、《电磁场与微波技术实验教程》、《数据库技术实验教程》、《汇编语言程序设计实践教程》、《数字信号处理(DSP)实验教程》十本实验指导书。

在此，我们向所有支持和参与该丛书出版的单位和同志表示感谢，特别要向李茂青教授、许茹教授在该丛书的编写、出版中做出的指导性工作表示感谢。同时，感谢该丛书中使用的实验设备的生产厂家提供的支持。

由于作者的水平与能力有限，丛书中的不足与问题难免，恳请广大师生批评指正。

高等院校信息技术实验教程丛书编委会

2008 年 1 月于厦门大学海韵园

前言

汇编语言程序设计是计算机专业的一门重要的专业基础课，也是电类各专业的专业基础课“微机原理与接口技术”的重要组成部分。本书的内容涵盖理论教学和实验教学，建议课时为2+2，即每周理论课和实验课各两节。与现有众多教材相比，本书有以下三大特色。

其一，本书将枯燥的理论教学与繁杂的实践教学紧密结合，使学生只要一书在手就能完全掌握汇编语言程序设计的基本知识和技能。长期以来，理论教学与实验教学严重脱节，实验教学处于附属和可有可无的地位。近年来，许多教师认识到了这一弊端，编写了一些实验教材，但理论教学与实验教学还是处于割裂的状态。本书进行了新的尝试，将理论内容与实验内容融为一体，互相紧密关联，大大提高学生的学习效率和效果。

其二，本书将所有教学内容重新进行了精心的编排，打破了以往的先指令系统，再语法规则，最后编程举例的固有结构，而是按知识点的逻辑关系安排讲授顺序。将指令系统与编程应用交叉讲解，编程举例按功能应用分类而不是按流程结构分类。每章都安排实验项目，每个实验项目都有必做的验证型实验内容和设计型实验内容，还有选做的综合应用型内容，还尽量提出一些引导学生思考的问题，提高学生的分析问题和解决问题的能力。习题的设置也有极强的针对性，让学生充分消化理论知识。与以往的教材相比，本教材从结构、内容到论述方法都有彻底的改变。

本书的第三个特色是特别注重学生的程序调试能力的培养。目前，不管是高级语言还是汇编语言的教材都极少在这方面进行论述，也没有一本专门讲授调试方法的教材，学生无法接受程序调试能力的训练。而良好的程序调试习惯和能力可以说比编程能力更重要。所以本书除了特别强调程序调试的概念外，在各个实验项目中都要求学生进行程序修改、程序设计和程序查错，并要求学生在实验报告中充分体现调试过程和调试数据。通过这些措施使学生接受程序调试的思想，锻炼提高程序调试能力。

本书共分七章，原计划还有高级汇编技术、高档微处理器新增指令、汇编语言与C语言混合编程及WIN32汇编语言程序设计等四章。因课时有限，一般课内无法讲到这些内容，所以本书暂不把这些章节列入。有兴趣进一步学习的同学可自行查阅其他教材。

本书汇集了作者近20年的教学经验，但由于作者水平有限，加上编写时间仓促，错误和不妥之处在所难免，敬请批评指正。

作者

2011年7月

目　录

第一章　汇编语言程序设计基础

科学家发明计算机的最初目的是代替人工进行复杂的数值计算，目前计算机应用已拓展到社会生活的几乎所有领域，但数值计算还是计算机的最基本功能和应用，也是其他所有应用的基础，从最简单的自动控制应用到最复杂的人工智能应用，都离不开数值计算。所以要充分利用计算机的强大功能，首先必须掌握计算机中有关数的概念，它们的表示方法、运算规则，及它们与日常生活中使用的实际数值之间的关系和转换。

高级语言中所用到的数据类型及运算符与人们的日常生活习惯基本一致，所以用高级语言编程可以很容易地进行数值计算。但高级语言中的一个简单的运算符编译成机器语言(与汇编语言一一对应)时往往需要用一段复杂的子程序来实现。所以要真正掌握计算机中数的计算原理，必须采用汇编语言编程。

汇编语言是面向硬件的语言，与计算机的硬件工作原理密切相关。所以要掌握好汇编语言编程必须了解计算机的基本结构和工作原理，特别是 CPU 的内部结构和原理。

本章讨论计算机中数的表示和计算及微机基本结构原理两个方面的内容，为汇编语言程序设计的学习打下坚实基础。

1.1　二进制数和十六进制数

日常生活中常用的数制有十进制、十二进制、六十进制等。因为计算机的硬件是数字电路，只能用高、低两种电平来表示 0 和 1 两种数字，所以计算机只能用二进制数进行计算，为了书写方便，程序中一般写成十六进制数。八进制数较少使用，本书不作讨论。

从数学上意义看，任意进制数的 n 位整数 m 位小数“$X_{n-1}X_{n-2}X_{n-3}\cdots\cdots X_2X_1X_0X_{-1}X_{-2}\cdots\cdots X_{-m+1}X_{-m}$”的数值 X 可以用以下公式表示：

$$X=X_{n-1}\times E^{n-1}+X_{n-2}\times E^{n-2}+X_{n-3}\times E^{n-3}+\cdots+X_2\times E^2+X_1\times E^1+X_0+X_{-1}\times E^{-1}+X_{-2}\times E^{-2}+\cdots+X_{-m+1}\times E^{-m+1}+X_{-m}\times E^{-m}\quad(0\leqslant X_i\leqslant E-1)\quad(1.1)$$

不同进制的数只是 E 不同，如十进制 E＝10，十六进制 E＝16，二进制 E＝2，其他的数学原理是完全一样的。本书主要讨论整数部分的计算，小数部分的计算方法类似。

1.1.1　二进制数

二进制数(Binary)每位只有 0、1 两种数字，书写习惯上一般加后缀 B，如：1011 0100B，0101 1100 0011 1001B 等。计算机中的二进制数一般为 8 位、16 位、32 位或 64 位等。

根据十进制数的运算规则类推，可以得到二进制数的运算规则，具体如下：

(1)加：0＋0＝0，0＋1＝1，1＋1＝1 进位 1，高位加低位的进位；

(2)减：0－0＝0，1－1＝0，1－0＝1，0－1＝1 借位 1，高位减低位的借位；

(3)乘：0×0＝0，0×1＝0，1×1＝1，乘数每位与被乘数每位相乘，结果再相加；

(4)除:(a)被除数从最高位开始,每次取 1 位试减除数;

(b)够减则此位商为 1,余数与被除数的下一位组合再试减除;

(c)不够减则此位商为 0,被除数再取 1 位再试减;

(d)如此重复,直至被除数的最后 1 位,最后不够减除数的部分为余数。

二进制数加、减、乘、除的人工计算过程如表 1.1 的例子所示,加、减过程相对简单。乘法的计算过程可称为“**被乘数左移法**”,除法的计算过程可称为“**除数右移试减法**”。以后我们将知道,为了简化硬件和编程,乘、除运算过程要进行改进。

本例是整数的计算,若含有小数,只要注意小数点的位置,计算方法是完全一样的。

对于加法和减法计算,被加(减)数、加(减)数的小数点要对齐,和(差)的小数点位置与被加(减)数或加(减)数的小数点位置相同。

对于乘法计算,积的小数位数等于被乘数小数位数和乘数小数位数之和。

对于除法计算,要先将除数的小数点右移,使之转化为整数,被除数的小数点也相应地右移相同的位数,商的小数点位置与被除数的小数点位置相同。

为了清晰表示二进制数,本书中一般在每 4 位二进制间加一个空格,要注意在源程序中数字之间是不能有空格的。

表 1.1　二进制加减乘除

加
　1011 1001
＋ 0111 1001
10011 0010

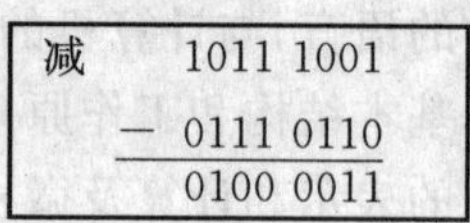

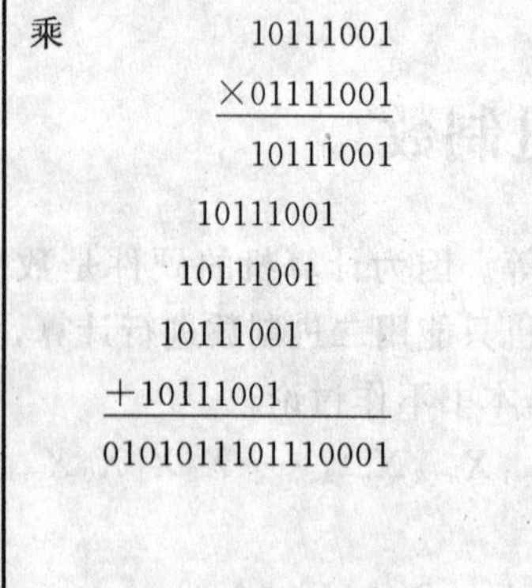

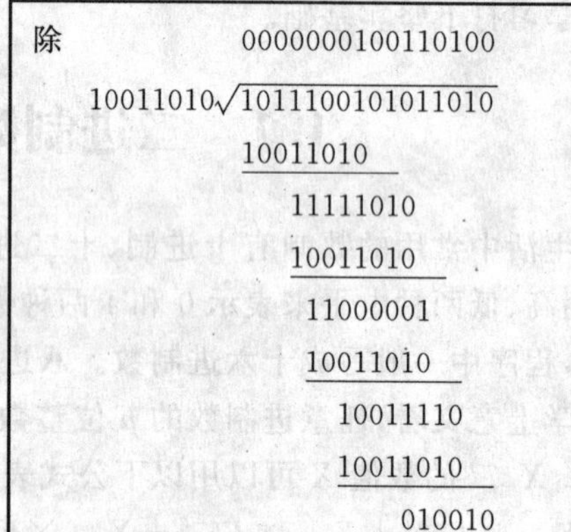

1.1.2　十六进制

计算机中只能用二进制表示数,但在源程序中若都用二进制表示数,则书写的数字位太多,且容易写错,所以在源程序及书面表示中,一般用十六进制数代替二进制数。

二进制数转换为十六进制数的规则是:从最低位开始,每 4 位二进制数对应 1 位十六进制数。

十六进制数(Hexadecimal)有 0—9 和 A—F 共 16 个数字。

在汇编语言源程序中,十六进制数一般加后缀 H,当十六进制数的最高位是字母时,在前面必须加一个数字 0 以示与符号名、变量名等的区别。例如:0A9H＝1010 1001B。高级语言中十六进制数一般加前缀 0x,有些汇编语言也接受这种表示方法。

十六进制、二进制数与十进制数的对照如表 1.2 所示,表中的 BCD 码在后续章节中讨论。

表 1.2　数制对照表

十进制	二进制	十六进制	压缩型 BCD 码		非压缩型 BCD 码	
			二进制表示	十六进制表示	二进制表示	十六进制表示
0	0000 0000B	00H	0000 0000B	00H	0000 0000 0000 0000B	0000H
1	0000 0001B	01H	0000 0001B	01H	0000 0000 0000 0001B	0001H
2	0000 0010B	02H	0000 0010B	02H	0000 0000 0000 0010B	0002H
3	0000 0011B	03H	0000 0011B	03H	0000 0000 0000 0011B	0003H
4	0000 0100B	04H	0000 0100B	04H	0000 0000 0000 0100B	0004H
5	0000 0101B	05H	0000 0101B	05H	0000 0000 0000 0101B	0005H
6	0000 0110B	06H	0000 0110B	06H	0000 0000 0000 0110B	0006H
7	0000 0111B	07H	0000 0111B	07H	0000 0000 0000 0111B	0007H
8	0000 1000B	08H	0000 1000B	08H	0000 0000 0000 1000B	0008H
9	0000 1001B	09H	0000 1001B	09H	0000 0000 0000 1001B	0009H
10	0000 1010B	0AH	0001 0000B	10H	0000 0001 0000 0000B	0100H
11	0000 1011B	0BH	0001 0001B	11H	0000 0001 0000 0001B	0101H
12	0000 1100B	0CH	0001 0010B	12H	0000 0001 0000 0010B	0102H
13	0000 1101B	0DH	0001 0011B	13H	0000 0001 0000 0011B	0103H
14	0000 1110B	0EH	0001 0100B	14H	0000 0001 0000 0100B	0104H
15	0000 1111B	0FH	0001 0101B	15H	0000 0001 0000 0101B	0105H

十六进制数的加、减计算可以参照二进制数和十进制数的加、减运算规则和过程直接进行计算，也可以先将十六进制数转换成二进制数，计算后再转换成十六进制数。

十六进制数的乘、除计算一般要先将被乘数、乘数、被除数、除数转换为二进制数，然后用二进制数进行乘法和除法运算，最后将计算结果转换为十六进制数。

对于十六进制数的加、减、乘、除运算，这里不再举例了，同学们可自行练习。

1.1.3　十进制数与二进制、十六进制数的转换

尽管计算机只能用二进制数，但在源程序中也可直接使用十进制数，加后缀 D 或省略后缀，汇编程序对源程序进行汇编时会自动将十进制数转换为二进制数。为了让数字的意义直观明了，在程序中经常要将数字写成二进制或十六进制的形式，所以下面讨论十进制数与二进制数、十六进制数转换的人工计算方法。

十进制数转换为二进制数时，整数部分和小数部分必须分别进行转换，且所用的方法不同，整数部分的方法是**"除 2 取余法"**，小数部分的方法是**"乘 2 取整法"**，如表 1.3 的例子所示。

十进制数转换为十六进制数时，可以按以上方法先将十进制数转换为二进制数，再将二进制数转换为十六进制数。二进制数转换为十六进制数时，要从小数点开始，向左、向右每次截取 4 位二进制数对应 1 位十六进制数。

当然也可以直接将十进制数转换为十六进制数，整数部分采用**"除 16 取余法"**，小数部分

采用“**乘 16 取整法**”。

要注意的是:用“**乘 2 取整法**”或“**乘 16 取整法**”将十进制小数转换为二进制小数或十六进制小数时,有可能无法完全精确转换,因为一个十进制小数多次乘 2 或乘 16 后的小数部分有可能永远不会等于 0。所以,十进制小数转换为二进制小数或十六进制小数时有可能会有误差,要根据精度的要求截取适当的小数位数。

表 1.3 十进制数转换为二进制数举例

整数:除 2 取余	小数:乘 2 取整
100 |	0 | .568
50 | 0 =B0	B_{-1}=1 | .136
25 | 0 =B1	B_{-2}=0 | .272
12 | 1 =B2	B_{-3}=0 | .544
6 | 0 =B3	B_{-4}=1 | .088
3 | 0 =B4	B_{-5}=0 | .176
1 | 1 =B5	B_{-6}=0 | .352
0 | 1 =B6	B_{-7}=0 | .704
∴ 100=0110 0100B	B_{-8}=1 | .408
	∴ 0.568=0.1001 0001B

二进制数转换为十进制数时,整数和小数部分都用“**按幂展开**”的方法,十六进制数转换为十进制数的方法也是“**按幂展开**”,即按本节开篇中的公式(1.1)进行计算。请同学们按习题进行练习,这里就不再举例了。

二进制数与十六进制数的转换相对简单,4 位二进制数对应 1 位十六进制数。

1.2 无符号数和带符号数

在日常生活中,我们一般使用十进制数,有正数和负数;而在计算机中,我们只能存储和计算二进制数。那么,如何用二进制形式的数来表示日常生活中的十进制数,并且能区分正数和负数呢?解决这个问题才能使计算机有实用价值。为了解决这个问题,我们首先必须理解清楚机器数和真值这两个概念,掌握它们之间的相互关系。

机器数:计算机中存储的二进制数称为机器数,书写时一般用十六进制表示。

真值:机器数所表示的实际数值称为真值。为了不与机器数相混淆,真值一般用十进制表示。

机器数有无符号数和带符号数两大类,无符号数就是没有正负的数,带符号数就是有正有负的数。本书讨论有关机器数与真值关系的问题时,以 8 位二进制整数为例。其原理可推广到 16 位、32 位、64 位二进制数,若其中含有一部分位数的小数,只要是用定点数表示,原理也是一样的。

8 位二进制机器数与十进制真值之间的关系如图 1.1 所示,图中的机器数用十六进制表示。从图中可以看出,计算机中一个二进制数可以用来表示不同的实际数值(或符号),反过来一个实际的数值在计算机中可以有不同的二进制表示形式。

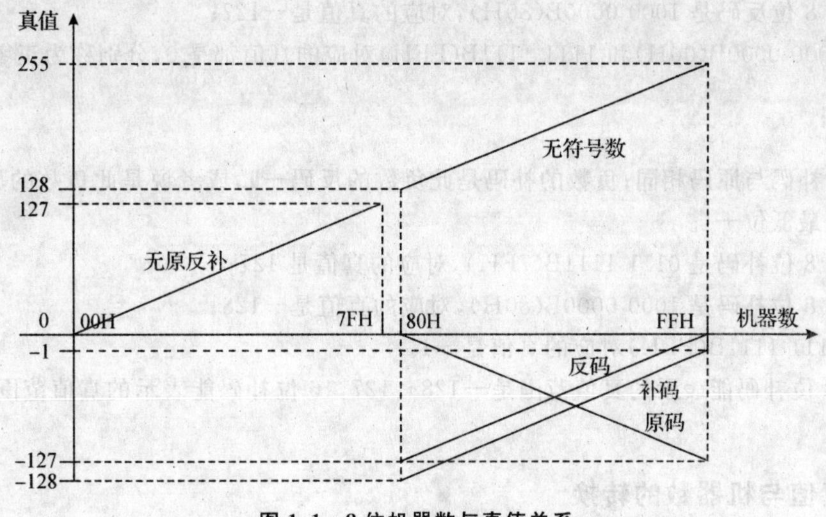

图 1.1　8 位机器数与真值关系

1.2.1　无符号数

计算机中的数一般为 8 位、16 位、32 位或 64 二进制，若所有二进制位都用来表示数值，没有符号位，此二进制机器数就称为无符号机器数，简称无符号数。

按前一节的二进制数转换为十进制数的计算方法“按幂展开”可知：

最小的 8 位无符号数是 0000 0000B(00H)，对应的真值是 0；

最大的 8 位无符号数是 1111 1111B(0FFH)，对应的真值 255。

所以，8 位无符号数能表示的十进制数的范围是 0～255；同理，16 位无符号数能表示的十进制数的范围是 0～65535。

1.2.2　带符号数

在计算机中为了区分和表示正数、负数，将 8 位、16 位、32 位或 64 位二进制数的最高位作为符号位，0 表示正数、1 表示负数；剩余的 7 位、15 位、31 位或 63 位作为数值位，表示此数的绝对值大小，这就是带符号机器数数，简称带符号数。

带符号数有原码机器数、反码机器数和补码机器数三种表示方法，分别简称为原码、反码和补码。下面以 8 位带符号数为例，说明这三种表示方法的原理。

1. 原码

不管正数还是负数，最高位是符号位，0 是正数、1 是负数，低 7 位是该数的绝对值。

最大的 8 位原码是 0111 1111B(7FH)，对应的真值是 127；

最小的 8 位原码是 1111 1111B(FFH)，对应的真值是－127；

原码 0000 0000B(00H)和 1000 0000B(80H)对应的真值都是 0，分别称为正零和负零。

2. 反码

正数的反码与原码相同；负数的反码是此负数的原码的数值位每位取反，符号位 1 不变。

最大的 8 位反码是 0111 1111B(7FH)，对应的真值是 127；

最小的 8 位反码是 1000 0000B(80H)，对应的真值是－127；

反码 0000 0000B(00H)和 1111 1111B(FFH)对应的真值都是 0，分别称为正零和负零。

3. 补码

正数的补码与原码相同；负数的补码是此负数的反码＋1，或者说是此负数的原码数值位按取反后在最低位＋1。

最大的 8 位补码是 0111 1111B(7FH)，对应的真值是 127；

最小的 8 位补码是 1000 0000B(80H)，对应的真值是－128；

补码 1111 1111B(FFH)对应的真值是－1。

所以，8 位补码能表示的真值范围是－128～127，16 位补码能表示的真值范围是－32768～32767。

1.2.3 真值与机器数的转换

根据以上 4 种机器数的定义，下面分三种情况讨论机器数与真值之间转换的计算方法。

1. 无符号数与真值的转换

(a)真值转换为无符号数：

用“**除 2 取余法**”将此真值转换为 8 位或 16 位或 32 位或 64 位的二进制数，不足 8 位或 16 位或 32 位或 64 位则高位补 0 凑齐，若 8 位二进制无法表示就用 16 位表示，若 16 位二进制无法表示就用 32 位表示。

例如：十进制数 200 用“**除 2 取余法**”得二进制数即无符号数为 1100 1000B，写成十六进制为 C8H。

(b)无符号数转换为真值：

因为不含符号位，每位都是数值位，所以无符号数转换为真值的计算方法是直接用“**按幂展开**”将二进制转换为十进制即可。

例如：无符号数 1101 0000B(0D0H)用“**按幂展开**”转换为真值是 208。

2. 正数真值与原码、反码和补码的转换

(a)正数真值转换为原码、反码和补码：

正数的原码、反码和补码表示是相同的，形式上与无符号数也相同，差别在于最高位为 0。所以，正数真值转换为原码、反码或补码的计算方法与真值转换为无符号数的方法一样，即用“**除 2 取余法**”将正数转换为 8 位或 16 位或 32 位或 64 位二进制数即可，高位不足位数的各位补 0。

例如：正数 120 的原码、反码和补码都是 0111 1000B(78H)。

要注意的是，转换的 8 位二进制结果的最高位必须为 0，即正数真值不能太大，若转换的 8 位二进制结果的最高位为为 1，则要用 16 位机器数表示此真值。

例如：正数 128 按“**除 2 取余法**”转换为二进制的结果是 1000 0000B，最高位为 1，所以正数 128 原码、反码和补码都要用 16 位表示，都是 0000 0000 1000 0000B(0080H)。

(b)原码、反码和补码转换为正数真值：

因为带符号数正数的最高位即符号位为 0，所以，原码、反码或补码若最高位为 0，它表示的真值是正数；又因为数据位直接表示了真值的绝对值大小，所以原码、反码和补码转换为正数真值的计算方法与无符号数转换为真值的方法相同，即“**按幂展开**”转换为十进制。

例如，机器数 0110 1010B(6AH)不管是原码、反码还是补码，转换为真值都是 106。

3. 负数真值与原码、反码和补码的转换

(a)负数真值转换为原码、反码和补码：

因为负数真值的原码、反码和补码表示是不一样的，所以负数真值转换为原码、反码和补码的基本方法是先将它转换为原码，在原码的基础上再求反码或补码。

负数真值转换为原码：将绝对值用“**除 2 取余法**”转换为 7 位或 15 位或 31 位或 63 位二进制数，最高位填“1”作为符号位，组成 8 位或 16 位或 32 位或 64 位的负数原码。

将此原码的数值位按位取反，符号位“1”保持不变，就求得反码；

对反码在最低位上加 1 就得到补码。

例如：负数－120 的原码是 1111 1000B (0F8H)；

反码是 1000 0111B (87H)；

补码是 1000 1000B (88H)。

要特别注意的是－128 这个数较特殊，原码、反码必须用 16 位表示，而补码用 8 位就可以表示。

(b)原码、反码和补码转换为负数真值：

因为带符号数负数的最高位即符号位为 1，所以，原码、反码或补码若最高位为 1，它表示的真值是负数。

若是原码，则将数值位“**按幂展开**”转换为十进制，再在前面加上负号，即求得原码的负数真值。

若是反码，则是先将数值位“**按位取反**”后再“**按幂展开**”，再在前面加上负号，即求得反码的负数真值。

若是补码，按照补码的定义的逆过程，应先将数值位“**减 1**”，再“**按位取反**”后再“**按幂展开**”转换为十进制，最后在前面添上负号。

数学上可以证明，对于任意 8 位二进制数 B，下列等式

/(B－1)＝/B＋1(其中“/”表示按位取反操作)

是成立的，所以我们可以用“**取反加 1**”的方法代替“**减 1 取反**”，因为加法比减法容易算。

例如，机器数 1100 1000B (C8H)若是原码则表示的真值是－72；

若是反码则表示的真值是－55；

若是补码则表示的真值是－56。

1.2.4 真值与机器数的关系

汇编语言编程要直接对计算机中的数进行计算和处理，所以，编程前，我们要先理解清楚以上 4 种机器数与实际数值即真值的关系。同一个真值可以用不同的机器数表示，同一个机器数可能表示不同的真值。真值与机器数的关系举例如表 1.4 所示，利用这两个表格，同学们可以加深理解真值与机器数之间的关系。

在(a)表中，用真值 12 和－12 来反映同一个真值的不同机器数表示形式。真值 12 用无符号数机器数表示是 0000 1100B；因为是正数，所以原码、反码和补码表示也都

是 0000 1100B。

表 1.4 真值与机器数关系

(a)同一真值有不同的机器数表示

机器数 \ 真值		12	−12
无符号数		0000 1100	×
带符号数	原码	0000 1100	1000 1100
	反码	0000 1100	1111 0011
	补码	0000 1100	1111 0100

(b)同一个机器数表示不同的真值

机器数 \ 真值	无符号数	原码	反码	补码
0000 1111	15	15	15	15
1111 0001	241	−113	−14	−15

因为是负数，所以，真值−12 没有无符号数表示形式，按照前一小节的负数真值转换为机器的规则，可以得到相应的原码、反码和补码。

在(b)表中，机器数 0000 1111B 的最高位为 0，不管是无符号数，还是原码、反码或补码，表示的真值都是 15；而机器数 1111 0001B 的最高位为 1，它若是无符号数，表示的真值是 241；若是原码，表示的真值是−113；若是反码，表示的真值是−14，若是补码，表示的真值是−15。

1.2.5 计算机中带符号数为什么要用补码

前面章节讨论了带符号数的原码、反码和补码三种表示方法，实际上，原码、反码概念的提出是为了推导补码的概念，原码和反码很少使用。计算机中的带符号数一般都用补码表示，目的是简化运算器的硬件设计，具体讲，有以下两个方面：

一是带符号数用补码表示后，可以将减法计算转化为加法计算，也就是说，硬件上只需要加法器，可以节省减法器；

二是带符号数用补码表示后，可以将带符号数的加/减计算规则和无符号数的加/减计算规则统一为相同的规则，也就是说，硬件上可以用同一套运算器既实现无符号数的加/减运算，也实现带符号数的加/减运算。

下面先证明第一个问题：

设有一负数的绝对值的 n 位二进制数是 B，则按补码的定义，此负数的补码可表示为：

/B+1

因为 2^n 是 n 位二进制数的模，数学上可以证明，以下等式是成立的：

0−B＝2^n−B＝/B+1

所以，**A−B＝A+(0−B)＝A+(/B+1)＝A+$[B]_{补}$**。

也就是说减一个正数可以转化为加上与这个正数绝对值相同的负数的补码。

实际上，若 B 为负数(最高位为 1)，以上各个等式也都是成立的，所以，将(负数)减数“取

反加 1”后，也可以将减法运算转化为加法运算。

最后的结论是：不管减数是正数还是负数，都可以用相同的方法转为加法运算。

下面说明一下第二个问题：

在 1.1 节中，我们论述了二进制数的加/减运算规则，这个规则可适用于无符号数的加/减运算。若带符号数是用原码或反码表示的，则要进行带符号数的加减计算时，1.1 节所述的二进制数的加/减运算规则对正数是适用的。但对负数就不适用了，必须将负数转换为绝对值，用绝对值进行加减计算后再处理符号。完整的运算规则在这里就不详细讨论了，同学们可以自行推导。这样的计算规则复杂，计算机硬件不便采用。

用补码表示带符号数后，不管带符号数是正是负，都可以用无符号数的加/减运算规则来进行带符号数的加/减运算，运算过程需要硬件中的标志位的配合，原理在 1.4.4 节中详细讨论。

在讨论第一个问题时，我们对一个补码机器数进行了“**取反加 1**”的操作，这种操作在计算机中是一种通用的操作，称为“**求补**”操作，对正数、负数均可操作。

对一个正数“**求补**”可以得到绝对值相同的负数，例如，补码 1111 0100B 的真值是－12，“求补”后为 0000 1100B，真值是 12。

对一个负数“**求补**”可以得到绝对值相同的正数，例如，补码 0000 1111B 的真值是 15，“**求补**”后为 1111 0001B，真值是－15。

必须指出的是，若带符号数用原码或者反码表示，则上述“**取反加 1**”操作实现正转负、负转正的规律就不成立了。实际上，对于原码和反码，“**取反**”操作就可以实现正转负、负转正。

我们还经常说到“**求补码**”的操作，指的是将十进制真值转换为带符号补码的过程，即，对于正数，用“**除 2 取余法**”；对于负数，将绝对值“**除 2 取余**”后再“**取反加 1**”。

综上所述，“求补”和“求补码”是两种不同的操作，汇编语言编程的初学者容易混淆，必须特别注意。

1.3 微机基本原理

汇编语言是面向硬件的语言，它的运行原理和编程方法与微机基本结构密切相关，所以要掌握好汇编语言编程必须先掌握微机的基本结构和指令的执行过程。

1.3.1 微机基本结构框图

微型计算机简称微机，它的基本硬件结构可用图 1.2 的框图来表示。用简单的一句话来定义微机就是“**用三条总线将三大部件连接在一起**”的电子设备。三大部件是 CPU、存储器和 I/O 接口（及 I/O 设备），三条总线是地址总线 AB(Address Bus)、数据总线 DB(Data Bus)和控制总线 CB(Control Bus)。

CPU(Central Processing Unit)即中央处理单元，是微机的核心，它执行运算和控制的功能，所以有定义说，运算器和控制器集成在一个芯片上就是 CPU。当然 CPU 内部还必须有一定数量的寄存器用来暂存数据和地址。存储器用来存储程序和数据，接口电路和外设是微机与外界联系的窗口。这里的存储器指主板上的主存储器，硬盘光盘等辅助存储器属于 I/O 设备。

早期微机的主存储器只有几 K 到几十 K 的容量，现在的微机的主存储器容量已达到了几百 M 甚至几 G(2^{10}＝1 K，2^{20}＝1 M，2^{30}＝1 G)。每个存储单元必须有一个地址编号，CPU 通

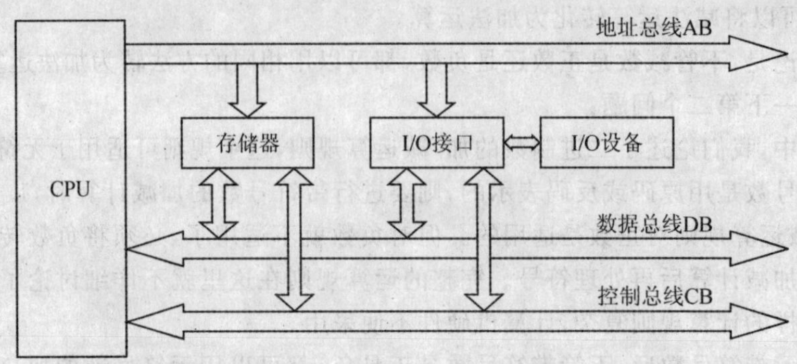

图 1.2　微机基本结构框图

过地址总线发出地址编号来寻址某一单元。地址总线是单向的，从 CPU 到存储器或从 CPU 到 I/O 接口。地址总线的位数决定了 CPU 能寻址的主存储器容量，早期 CPU 只有 16 位地址线，所以能寻址的存储单元数是 64 K；现在的 CPU 有 32 位地址，所以能寻址的地址空间是 4 G；8086 有 20 位地址线，所以能寻址的地址空间是1 M。接口电路的编址原理与主存储器相同，只是一般微机的外设数量有限，接口电路内部的寄存器数量也有限，所以 CPU 一般用低几位地址线来寻址接口电路。

数据总线用来在三大部件间传送数据，数据可能从 CPU 传到主存储器或 I/O 接口，也可能从主存储器或 I/O 接口传到 CPU，所以数据总线是双向的。数据总线的位数决定了 CPU 与主存储器或接口间一次操作能同时传送的数据位数，早期 CPU 有 8 位数据线，现代的 CPU 有 32 位或 64 位数据线。8086 是 16 位的 CPU，内部寄存器是 16 位，外部数据总线也是 16 位；8088 是准 16 位的 CPU，内部寄存器是 16 位，但外部数据总线只有 8 位。

在地址总线和数据总线上有众多的存储器芯片和接口电路串接在一起，但 CPU 在任一时刻只能与一个地址单元进行数据传送，所以 CPU 还必须有一些控制信号来协调数据的传送过程。控制信号的集合就是控制总线，控制信号有的是输出的，有的是输入的，所以控制总线画成双向。

控制总线上最主要的控制信号有 **M/IO**、**/RD**、**/WR** 等，这些信号都是由 CPU 发出的。这些控制信号与指令的执行过程是密切相关，必须理解清楚。

M/IO 是存储器或 I/O 接口的选择信号，为高电平表示 CPU 要对存储器操作，为低电平表示 CPU 要对 I/O 接口操作；

/RD 是读控制信号，低电平有效，表示 CPU 要从存储器或 I/O 接口读入一个数据；

/WR 是写控制信号，低电平有效，表示 CPU 要写一个数据到存储或 I/O 接口。

现代微机的 CPU 芯片集成了一定数量的内部高速缓冲存储器，存储器管理部件及支持操作系统的硬件等，在微机的总线结构上，将高速总线和低速总线分开。图 1.2 只是微机简化的框图，实际的微机结构比此图复杂得多，但利用此图来理解微机的基本原理就足够了。

1.3.2　指令的基本执行过程

图 1.2 是静态的，从动态的角度看，微机的最基本原理是“存储程序计算机”。这种原理是由冯诺依曼提出的，所以也称为“冯诺依曼型计算机”。CPU 运行程序时，首先要由操作系统将程序从硬盘等外设中读出并存入到主存储器中，然后将控制权交给要运行的程序，从主存储器中依次将指令读入 CPU 进行译码，执行相应的操作。程序运行结束时将控制权交回操作

系统。

从高级语言的角度看，程序是由一系列有序排列的语句组成的，从汇编语言或CPU的角度看，程序是由一系列指令的有序排列组成的。高级语言的一条语句对应汇编语言的多条指令，高级语言的编译程序就是完成这种翻译工作。

指令是CPU执行操作的最小单位，不同的CPU能执行的指令是不同的，一个CPU能执行的所有指令的集合称为此CPU的指令系统。

因为程序运行时指令存于主存储器中，绝大部分数据也存于主存储器中，所以，一条指令的执行过程可分为**取指令**、**取数据**、**译码操作**、**存结果**四个步骤。微机的基本工作过程就是不断重复这4个步骤的过程。

一条指令的总执行时间由这四个步骤所花费的时间相加。当然，如果要计算的数据已经在CPU中，则不必进行**取数据**这一步骤；如果计算结果只暂存在CPU中，则不必进行**存结果**这一步骤。所以最简单的指令只需进行**取指令**和**译码操作**两个步骤。现在的CPU一般都能在对一条指令进行译码操作的同时读取下一条甚至几条指令，从时间上看，**取指令**的时间就节省了。

指令执行过程中的前两个步骤是**取指令**和**取数据**，基本操作过程是相同的，可细分为4个步骤，如图1.3所示，差别仅是第3、4步中操作对象是数据或指令机器码。

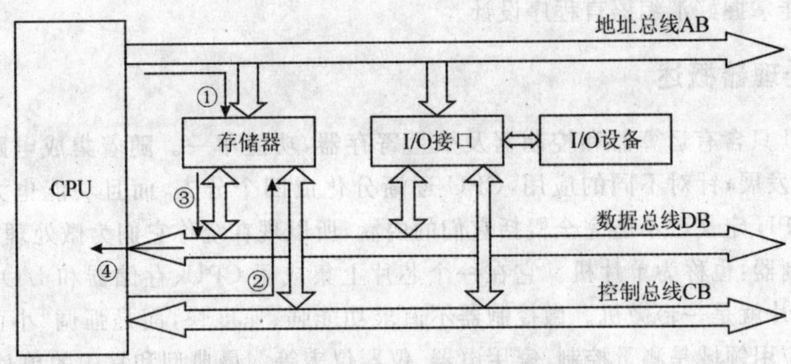

图1.3 取指令和取数据操作过程

(1)CPU从地址总线上发出要寻址的存储单元的地址；

(2)CPU从控制总线上发出M/IO高和/RD低有效的控制信号；

(3)被寻址的存储单元将数据或指令机器码送到数据总线上；

(4)CPU从数据总线上读入数据或指令机器码，结束读过程。

指令执行过程的第三个步骤是**译码操作**，每个CPU内部都有一个复杂的指令译码、执行和控制的电路。对应用程序编程者来说，只需知道CPU能执行哪些操作，不必了解此电路的细节。当然，不同的操作所用的时间是不一样的，简单的操作用的时间少一些，复杂的操作用的时间多一些。

指令执行过程的第四个步骤是**存计算结果**，这一步骤的原理与取数据的过程是类似的，也细分为四个步骤，如图1.4所示。

(1)CPU从地址总线上发出要寻址的存储单元的地址；

(2)CPU从数据总线上发出要存储的数据；

(3)CPU从控制总线上发出M/IO高和/WR低有效的控制信号；

(4)存储器从数据总线上将数据读入，并存入指定的地址单元。

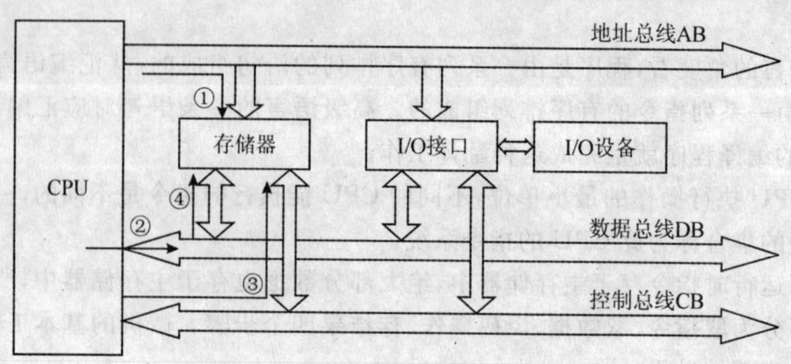

图 1.4 存结果操作过程

CPU 对 I/O 接口的操作有输入和输出两种，操作原理和过程分别与读数据、写数据操作类似，请同学们自行分析。

1.4 8086CPU

CPU 是微机中最关键的部件，我们必须了解其内部结构原理，特别是要理解其内部寄存器的用法，才能掌握好汇编语言程序设计。

1.4.1 微处理器概述

早期 CPU 只含有运算器和控制器及少量寄存器，功能单一。随着集成电路技术和计算机技术的飞速发展，针对不同的应用，CPU 逐渐分化成四个分支，而且功能也大大丰富和增强。传统的 CPU 定义已不能完全概括它们的内涵，所以现在统称它们为微处理器。

(1)微控制器：也称为单片机。它在一个芯片上集成了 CPU、存储器和 I/O 接口等部件，实际上一个芯片就是一台微机。微控制器不追求功能强、速度快，而是强调“小而全”，够用就行，它的主要应用领域是测量控制、家用电器、仪器仪表等。最典型和常用的单片机是 MCS—51 系列，PIC 系列等。

(2)DSP 芯片：即数字信号处理器。它针对通信、语音处理、图像处理等需要快速执行大量数字信号处理算法的应用，在硬件上进行了专门的优化设计。这种优化设计主要体现在两个方面，一是运算器中增设了专门进行乘累加计算的单元，二是为了提高数据传送速度，在总线结构采用了改进的多数据总线结构。常用的 DSP 芯片有 TMS320 系列等。

(3)嵌入式微处理器：它一般采用 RISC(精简指令系统计算机)结构。它的最大特点是低功耗，适用于手机、PDA、掌上电脑等用电池供电的便携式设备。与同档次的通用微处理器相比，它的功能与速度略逊一筹，但性价比更高。大部分嵌入式微处理器以 ARM 结构为核。

(4)通用微处理器：一般采用 CISC(复杂指令系统计算机)结构，速度快，功能强大，但功耗也较大，是 PC 机、工作站、服务器等微机的核心芯片。最典型和应用最广的通用微处理器是 Intel 80x86 系列，从 16 位的 8086、80286 到 32 位的 80386、80486 和 Pentium 等，经历了几代的更新，每一代功能更强、速度更快的微处理器对上一代保持“**向上兼容**”。本书主要讨论 8086，学好这个最基本的微处理器后，进一步学习高档的微处理器就不是一件难事了。

微处理器除了按功能应用分类外，还可以按内部运算器和寄存器的位数分为 8 位、16 位、32 位或 64 位微处理器。微控制器以 8 位居多，16 位属于高档微控制器；数字信号处理器 DSP

芯片以16位主；嵌入式微处理器一般都是32位的；通用微处理器也以32位为主，目前已有64位的通用微处理器投入使用。

1.4.2 8086CPU 内部结构

8086是典型的16位微处理器，它的内部编程结构如图1.5所示。所谓“编程结构”是指从程序员角度看到的基本结构，它是一种简化了很多细节电路的“框图级”结构图。对程序员特别是应用程序员来说，在“框图级”上掌握微处理器的原理和功能就足够了，不必追究电路细节。实际上，一个微处理器中集成了几十万几百万个晶体管，任何一个人都无法把整个电路原理都完全掌握。

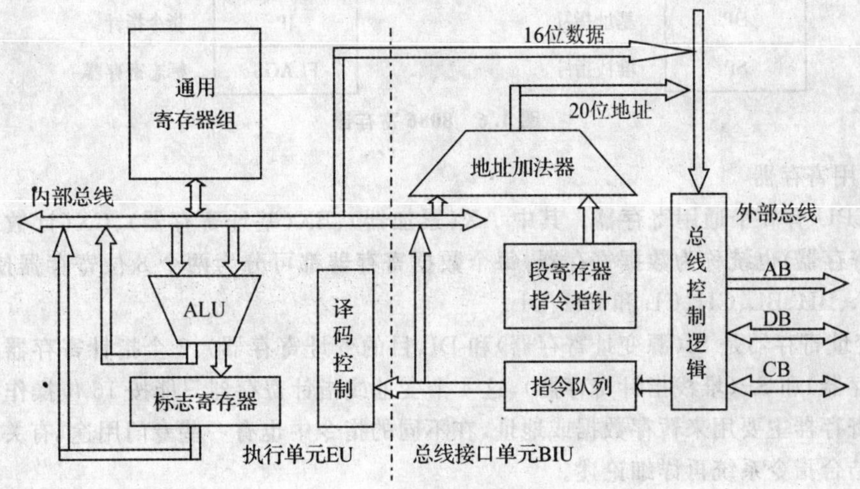

图1.5 8086内部结构

如图，按功能可把8086微处理器划分为总线接口单元BIU(Bus Interface Unit)和执行单元EU(Executing Unit)两大部分，各个功能部件用统一的内部总线连接在一起。总线接口单元通过“总线控制逻辑”连接外部的三条总线，负责数据的传输和指令的读取；执行单元对指令机器码进行译码，对芯片中各部件进行协调控制，并完成数据的运算和处理。

执行单元与总线接口单元之间用“**指令队列**”这个关键的部件联系在一起，6个字节的“指令队列”用来暂存读入的指令，“译码控制”部件从“指令队列”中取出指令机器码进行译码操作。当执行单元正在执行一条指令，此时总线接口单元又不必读写数据而空闲时，总线接口单元就可以读取第2、第3条等指令存入指令队列，这样节省了取指令的时间。在高档微处理器中，“指令队列”结构改进为“流水线”结构，进一步提高了CPU的运行效率。

“地址加法器”的功能是计算对主储存器操作所需的20位物理地址，具体原理在下一章中论述。“算术逻辑单元ALU”是微处理器的核心，进行数据加减乘除算术运算、逻辑运算和移位操作等，其功能主要体现在指令系统中，本书将分散在各章节中介绍。

1.4.3 8086 寄存器

在微处理器内部，与汇编语言编程关系最密切的部件是寄存器组，每个微处理器都有数量不等的一组寄存器。从“数字电路”的角度看，寄存器实际上就是触发器电路，寄存器最主要的功能是暂存数据或地址。如何充分利用这些寄存器提高程序的效率是汇编语言编程的主要技巧之一。

8086 内部共有 14 个程序可直接或间接操作的 16 位寄存器，如图 1.6 所示，按功能分为三类。

通用寄存器

AH	AL	AX累加器
BH	BL	BX基址寄存器
CH	CL	CX计数寄存器
DH	DL	DX数据寄存器
SI		源变址寄存器
DI		目的变址寄存器
BP		基址指针
SP		堆栈指针

段寄存器

CS	代码段寄存器
DS	数据段寄存器
ES	扩展段寄存器
SS	堆栈段寄存器

控制寄存器

IP	指令指针
FLAGS	标志寄存器

图 1.6　8086 寄存器

(1)通用寄存器

8086CPU 有 8 个通用寄存器。其中 AX(累加器)、BX(基址寄存器)、CX(计数寄存器)、DX(数据寄存器)也统称为数据寄存器，每个数据寄存器都可分为两个 8 位寄存器使用，分别为 AH、AL、BH、BL、CH、CL 和 DH、DL。

2 个变址寄存器是 SI(源变址寄存器)和 DI(目的变址寄存器)，2 个指针寄存器是 BP(基址指针寄存器)和 SP(堆栈指针寄存器)，这 4 个变址或指针寄存器只能按 16 位操作。

通用寄存器主要用来暂存数据或地址，在不同的指令中也有一些专门用途，有关寄存器的专门用途结合指令系统再详细论述。

(2)段寄存器

8086CPU 有 4 个段寄存器，即 CS(代码段寄存器)、DS(数据段寄存器)、ES(扩展段寄存器)和 SS(堆栈段寄存器)，段寄存器的功能是为主存储器的分段管理提供段地址，详细用法在 2.1 的寻址方式一节中论述。

(3)控制寄存器

8086CPU 有 2 个控制寄存器，即指令指针 IP 和标志寄存器 FLAGS。指令指针 IP 实际上是一个 16 位的加 1 计数器，始终指向下一条要执行的指令的地址，每取一个字节指令后自动加 1。

在 80386 以上的微处理器中，通用寄存器都扩展成 32 位，分别是 EAX、EBX、ECX、EDX、ESI、EDI、EBP、ESP，它们也可只用低 16 位；控制寄存器也扩展成 32 位，分别为 EIP、EFLAGS；段寄存器还是 16 位，但增加了 FS 和 GS 两个。

1.4.4　标志寄存器

在以后的编程中，随时都要用到寄存器，所以寄存器是本章一个重点内容，必须熟记，而标志寄存器 FLAGS 则是重点中的重点。如图 1.7 所示，标志寄存器是按位操作的，只有 9 位是有意义的，其他位没有定义。

15	14	13	12	11	10	9	8	7	6	5	4	3	2	1	0
				OF	DF	IF	TF	SF	ZF		AF		PF		CF

图 1.7　标志寄存器

1. 控制标志位

标志寄存器中的 9 个标志位，按功能分两类。一是控制标志，二是条件标志。

控制标志位于控制电路中，用专门的指令置 1 或清 0 后起控制作用。控制标志共有 3 位，DF 是方向标志，IF 是中断允许标志，TF 是单步标志或陷阱标志。有关这 3 个控制标志的功能和用法在后续章节中再作详细介绍。

2. 条件标志位

条件标志位于运算器中，ALU 根据算术或逻辑运算指令的结果对这些标志位“置 1”或“清 0”，程序可利用标志位进行流程控制。6 个条件标志位的具体定义如下：

PF：奇偶（Parity）**标志**，计算结果的低 8 位若 1 的个数为偶，则 PF＝1，否则 PF＝0。奇偶标志主要用于数据通信时的校验。

ZF：零（Zero）**标志**，计算结果为 0，则 ZF＝1，否则 ZF＝0。零标志主要有两个用处，一是两数相减后判断是否相等；二是逻辑运算后判断操作数的二进制位是否全为 0。

AF：辅助（Auxiliary）**进位/借位标志**，计算结果的 D3 位向 D4 位有进位或借位，则 AF＝1；否则 AF＝0。辅助进位/借位标志仅用于 BCD 码的加/减运算。

CF：进位/借位（Carry）**标志**，计算结果的最高位向前一位有进位或借位，则 CF＝1；否则 CF＝0。进位/借位标志主要用于多字节或多字运算时传递进位/借位。

SF：符号（Sign）**标志**，计算结果为负，则 SF＝1；计算结果为正，则 SF＝0。实际上符号标志就是计算结果的最高位，因为最高位就是带符号数的符号位。很显然，符号标志用于判断带符号数计算结果的正负。

OF：溢出（Overflow）**标志**，计算结果超出带符号补码数的表示范围则 OF＝1；否则 OF＝0。8 位带符号补码的表示范围是－128～127，16 位则是－32768～32767。溢出标志用于判断带符号数加/减计算是否出错。

3. 加法运算判断标志位

8 位加法运算和减法运算时判断标志位的例子如表 1.5 和表 1.6 所示。必须注意的是，运算过程完全按照 1.1.1 节中的二进制数加/减运算规则进行，即不管最高位是否是符号位，都当成一般的二进制位处理。

表 1.5　加法运算判断标志位

CPU 运算过程：	结果分析：带符号数：	无符号数：
D7 D6 D5 D4 D3 D2 D1 D0		
1 1 1 1 0 1 0 0	－12	244
＋1 1 1 1 0 1 0 0	＋)－12	＋)244
11 1 1 1 0 1 0 0 0	－24	488＝232＋256
PF＝1，ZF＝0，AF＝0，	1110 1000＝－24	1110 1000＝232
CF＝1，SF＝1，OF＝0		

在表 1.5 中，加法运算后的标志位判断如下：

因为计算结果低 8 位“1110 1000”有 4 个“1”，为偶数，所以 PF＝1；

因为计算结果“1110 1000”不为“0”，所以 ZF=0；

D3 位向 D4 位没有进位，所以 AF=0；

最高位 D7 向前有进位，所以 CF=1；

计算结果的最高位 D7=1，所以结果为负即 SF=1；

带符号数的真值计算结果是－24，未超过 8 位带符号补码数的表示范围，所以 OF=0。

下面先按无符号数分析一下计算结果：被加数和加数都是 1111 0100B，真值为 244，真值相加的结果应该是 488，而 8 位机器数结果是 1110 1000B，它的真值是 232，结果似乎不对。但若将 CF 也当成结果的一部分，则 CF=1 表示加法运算有进位，这个进位 $=2^8=256$，而 232+256=488，所以计算结果是正确。

再按带符号数分析一下计算结果：被加数和加数都是 1111 0100B，真值为－12，真值相加的结果是－24。在做机器数的加法运算时，将最高位的符号位也当成一般数值位进行运算，则 8 位机器数结果是 1110 1000B，它的真值也是－24，结果是正确的。

表 1.6　减法运算判断标志位

CPU 运算过程：	结果分析：	
D7 D6 D5 D4 D3 D2 D1 D0	带符号数：	无符号数：
1 1 1 1 0 1 0 0	－12	244
－0 0 0 0 1 1 0 0	－)＋12	－ 12
0 1 1 1 0 1 0 0 0	－24	232
PF=1，ZF=0，AF=1， CF=0，SF=1，OF=0	1110 1000=－24	1110 1000=232

4. 减法运算判断标志位

表 1.6 中，减法运算后的标志位判断如下：

PF、ZF、SF 的判断方法与表 1.5 完全相同，不再详细说明；

因为 D3 向 D4 有借位，所以 AF=1；

因为 D7 向前没有借位，所以 CF=0；

带符号数的真值计算结果为－24，没超过 8 位带符号数的表示范围，所以 OF=0。

下面先按无符号数分析一下计算结果：被减数 1111 0100B，真值为 244，减数 0000 1100B，真值为 12，真值相减的结果应该是 232，8 位机器数结果是 1110 1000B，它的真值是 232，CF=0 表示减法运算时没有借位，所以结果是正确的。

这个例子中，CF=0 没有借位。若 CF=1，则说明被减数不够减减数，就要借位，借来的数是 $2^8=256$，考虑了借位也作为被减数的一部分的情况下，8 位机机器数结果还是正确的。在 1.6 节的“判断标志位实验”中，有各种减法运算时 CF=1 的判断标志位的练习。

再按带符号数分析一下计算结果：被减数 1110 0100B，真值为－12，减数 0000 1100B，真值为 12，真值相减的结果是－24。在做机器数的减法运算时，将最高位的符号位也当成一般数值位进行运算，则 8 位机器数结果是 1110 1000B，它的真值也是－24，结果是正确的。

5. OF 和 CF 的判断

以上两个例子 OF 都是“0”，为了正确理解 OF 的意义及其与 CF 的区别，请看表 1.7 的例子。

表 1.7　OF 和 CF 的判断

CPU 运算过程：	结果分析： 带符号数：	 无符号数：
D7 D6 D5 D4 D3 D2 D1 D0		
0 1 1 1 0 1 0 0	+116	116
+0 1 1 1 0 1 0 0	+)+116	+)116
0 1 1 1 0 1 0 0 0	+232	232
CF=0，SF=1，OF=1	1110 1000=−24	1110 1000=232

在此例子中，我们主要看 CF、SF 和 OF 三个标志位：

因为 D7 向前无进位，所以 CF=0；

计算结果的 D7=1，所以 SF=1；

带符号数的真值计算结果为 232 超过了 127，所以 OF=1。

下面先按无符号数分析一下计算结果：被加数和加数都是 0111 0100B，真值为 116，真值相加的结果应该是 232，8 位机器数结果 1110 1000B 的真值也是 232，CF=0 表示加法运算时没有进位，所以，结果是正确的。

再按带符号数分析一下计算结果：被加数和加数都是 1111 0100B，真值为+116，真值相加的结果应该是+232，在做机器数的加法运算时，将最高位的符号位也当成一般数值位进行运算，则 8 位机器数结果是 1110 1000B，它的真值是−24，结果是不正确的！同时，我们看到，OF=1，说明带符号数的真值的运算结果超过了带符号数的表示范围。

从这个例子可以看出，若 OF=1，则 8 位带符号机器数结果是不正确的。这个例子是加法运算，若减法运算时出现 OF=1 的情况，也说明 8 位带符号机器数结果是不正确的。在 1.6 节的“判断标志位实验”中，有各种加/减运算时 OF=1 的判断标志位的练习。

6. CF、OF 与运算规则的关系

从以上三个例子可以看出，对于带符号数的加/减运算，可以将最高位的符号位当成一般的二进制位参加计算，得到机器数结果。若最高位为 0，说明结果为正，若最高位为 1，说明结果为负，机器数结果的最高位就是符号标志位 SF。若 OF=0，说明机器数结果是正确的；若 OF=1，说明机器数结果是不正确的。

从以上三个例子还可以看出 CF 用于无符号数计算。加法运算中，若 CF=1，说明机器数结果有 9 位，CF 对应的值是 $2^8=256$，将 256 与 8 位机器数结果相加得到的结果就是正确的结果。减法运算中，若 CF=1，说明被减数先借了 256 再减减数，所以

8 位机器数结果=256+被减数−减数

ALU 在做加/减运算时，不仅得到一个 8 位的和或者差，还根据计算结果置 1 或清 0 标志位，这些标志位实际上是计算结果的一部分。若计算的两个数是无符号数，编程者就使用 CF 标志，与 SF 或 OF 无关；若计算的两数是带符号数(必须用补码表示)，则编程者就使用 SF 和 OF 标志，而与 CF 无关。

我们可以换一种角度来理解这个这个问题：

参加加/减计算的两个数是无符号数还是带符号数是由编程者定义的，CPU 看到的只是一串二进制数，不知道这些数是无符号数还是带符号数。所以，ALU 在进行加/减运算时，就按两种情况都进行了计算，把两种计算结果都提供给编程者。

从上面三个例子可以看出,ALU进行无符号数和带符号数的两次计算实际上是一次完成的,硬件也只有一套。

用补码表示带符号数,则带符号数的二进制加/减运算规则与无符号的运算规则完全相同,才能用同一套硬件完成这两种数的加/减运算。若带符号数用原码或反码表示,则带符号数和无符号数的加/减运算规则是不一样的,无法用同一套硬件进行加/减计算。这就是为什么计算机中带符号都用补码表示的根本原因。

1.4.5 判断 OF 标志的三种方法

六个条件标志位中,OF 标志是最复杂的,也是重要的,关系到带符号数的概念和计算。为了加深理解,下面以 8 位加法运算为例,讨论人工和计算机判断 OF 标志的三种方法。这三种判断方法是完全等效的。减法运算的判断方法同理可推,同学们可在习题中自行练习。

1. 按 OF 标志的定义判断

在前面的 3 个例子中,我们都采用了这种方法。要注意的是,这种方法不是直接把二进制结果转换为真值,而是要先把加数和被加数分别转换为真值,然后两个真值相加,若和超过－128～127 的范围,则 OF＝1;否则 OF＝0。这种方法计算过程麻烦,容易出错,计算机中的硬件也不可能使用这种方法,所以我们希望有更简便的方法,特别是硬件能实现的方法。

2. 按加数、被加数的符号及和的符号判断

判断的规则是这样的:

正＋正＝正,则 OF＝0,正＋正＝负,则 OF＝1;

负＋负＝负,则 OF＝0,负＋负＝正,则 0F＝1;

正＋负＝正或负,OF 均为 0。

在表 1.5 的例子中,被加数和加数都为负,和也为负,所以 OF＝0;表 1.7 是“正＋正＝负”的情况,所以 OF＝1。

这种方法看似规则最复杂,但是透彻理解了带符号数的表示和运算原理后,就能很容易理解和掌握这种方法。反过来,掌握好这种方法可以加深对带符号数和无符号数的理解。

将图 1.1 中的补码机器数与真值的关系画成图 1.8 的类似钟表的形式,利用此图就很容易理解补码与真值的关系和 OF 的概念。

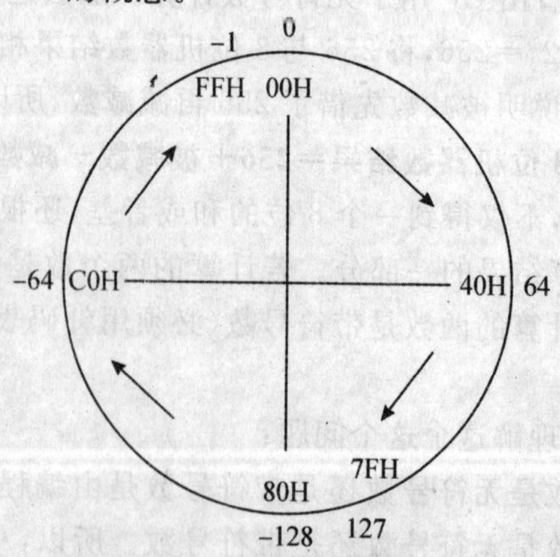

图 1.8 8 位补码与真值关

图中内圈标的是机器数，外圈标的是对应的真值。按顺时针方向，机器数从 00H 到 40H 到 80H 到 C0H 最后再到 FFH 递增，FFH 加 1 又变为 00H；真值从 0 递增到 64 再到 127 后在“6 点”的位置有一个突变，变为－128，随后又递增到－64 最后到－1。

处于右半圆的两个正数相加时，若和未大于 127，按第一种方法可判断 OF＝0；这种情况下和还处于右半圆，即是正数，按第二种方法“正＋正＝正”可判断 OF＝0，两种方法得的结果是一样的。

处于右半圆的两个正数相加时，若和大于 127，按第一种方法可判断 OF＝1；这种情况下和处于左半圆，即是负数，按第二种方法“正＋正＝负”可判断 OF＝1。两种方法得的结果还是一样的。

对于“负＋负”的情况，同理可分析，第一和第二种方法也是等效的，同学们可自行思考分析。

对于最后一种情况“正＋负”，很显然和的绝对值比两数中最大的绝对值还小，也就是说和不可能大于 127 或小于－128，按第一种方法，不管和是正是负都有 OF＝0，用第二种方法判断也是 OF＝0。

人工判断 OF 标志时，第二种方法比第一种方法简便。从原理上看，第二方法是可以用硬件实现的，但是还不够简化，下面讨论的第三种方法是 ALU 硬件中实际采用的方法。

3. 按最高位的进位和次高位的进位判断

判断的规则是这样：

若最高位和次高位都有进位，或都没有进位，则 OF＝0；

若最高位和次高位一个有进位，另一个没有进位，则 OF＝1。

在表 1.5 的例子中，最高位 D7 向前有进位即 CF＝1，次高位 D6 向 D7 也有进位，所以 OF＝0；在表 1.7 的例子中最高位 D7 向前没有进位即 CF＝0，次高位 D6 向 D7 有进位，所以 OF＝1。用这种方法判断的 OF 标志位与第 1、2 种方法判断的结果是一样。

从第二种方法的分析可以看出，带符号数的计算结果若错了，则 OF＝1，否则 OF＝0。根据这一点我们可以理解第三种方法。带符号数的最高位是符号位，低 7 位是绝对值的大小。如果数值位有进位而影响了符号位，很显然结果就出错了，就有溢出，否则没溢出。

对于“正＋正”的情况，最高位即符号位相加时肯定没进位，若次高位即数值位有进位到符号位，就把符号位改变了，显然计算结果就错了，也就是有溢出；若次高位没进位，就没影响到符号位，也就没溢出。

对于“负＋负”的情况，最高位即符号位相加时肯定有进位而使符号位变为 0，若次高位即数值位有进位，正好把符号位更正过来，就没溢出；若次高位即数值位没进位，就是两个负数相加结果为正数的情况，当然结果是错误的，也就是有溢出。

对于“正＋负”的情况，若次高位即数值位有进位，则最高位即符号位肯定也有进位，若次高位没进位，则最高位也肯定没进位，所以不管哪种情况都没溢出。

1.4.6 标志位小结

在本节中，我们详细讨论了 6 个条件标志位的原理与判断方法。程序运行时，这些标志位是由 ALU 硬件自动判断和设置的。程序中通过条件转移指令，利用这些标志位进行程序流程的控制。最后还要强调以下两点：

(1)不同 CPU 所定义的条件标志位不尽相同，但基本原理是完全一样的。这些条件标志位是计算机进行一切逻辑判断推理的基础，不管是简单的家电控制软件，还是人工智能的计算机下棋软件，都是利用这些条件标志位进行判断的。

(2)现代微处理器在功能、速度上与 8086 相比有了质的飞越，标志寄存器也从 16 位扩展到32位甚至更多。但增加的标志位主要用于支持存储器管理和多任务操作系统的控制,条件标志位的概念、原理和数量都没有变化。

1.5 DEUBG操作(一)

汇编语言程序调试时要使用DEBUG调试软件,在DEBUG状态中还能观察到CPU内部各寄存器的值、存储器各单元的内容,还能用机器码和指令助记符两种格式显示程序。我们必须熟练掌握DEBUG软件的使用。在DEBUG操作的描述中,"回车"就是"Enter"键。

1.5.1 DEBUG的启动

单击屏幕左下角的"开始"按钮,在弹出的开始菜单中单击"运行"命令,显示如图1.9的运行窗口,在此窗口中键入cmd命令及回车,屏幕上显示如图1.10的命令窗口。在图1.10中键入debug及回车,屏幕上显示如图1.11的DEBUG窗口,进入了DEBUG状态,提示符是"—",在此窗口中可以进行调试程序的操作。

图1.9 打开命令窗口

1.5.2 退出DEBUG

在图1.11中键入Q及回车则可退出DEBUG。在DEBUG操作过程中,若出现一些输入错误或操作错误,可先退出DEBUG,然后再重新进入DEBUG,恢复DEBUG的初始状态。

1.5.3 DEBUG的命令

在DEBUG状态下,键入"?"及回车,则窗口中显示所有DEBUG命令的格式和功能,如图1.12所示。

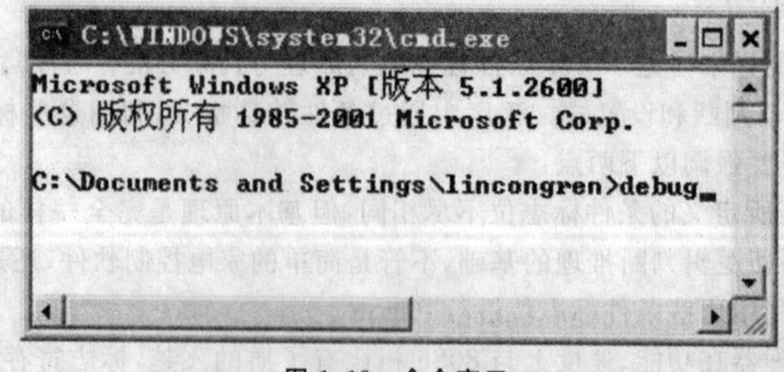

图1.10 命令窗口

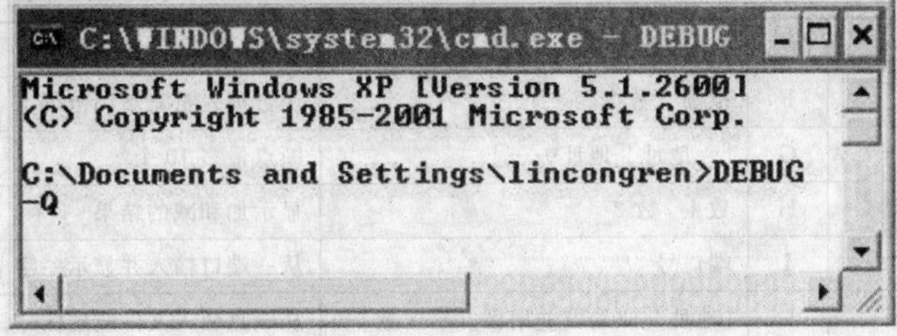

图 1.11　DEBUG 窗口

```
C:\WINDOWS\system32\cmd.exe - DEBUG
-?
assemble       A [address]
compare        C range address
dump           D [range]
enter          E address [list]
fill           F range list
go             G [=address] [addresses]
hex            H value1 value2
input          I port
load           L [address] [drive] [firstsector] [number]
move           M range address
name           N [pathname] [arglist]
output         O port byte
proceed        P [=address] [number]
quit           Q
register       R [register]
search         S range list
trace          T [=address] [value]
unassemble     U [range]
write          W [address] [drive] [firstsector] [number]
allocate expanded memory        XA [#pages]
deallocate expanded memory      XD [handle]
map expanded memory pages       XM [Lpage] [Ppage] [handle]
display expanded memory status  XS
-
```

图 1.12　DEBUG 命令

从图 1.12 可以看出,DEBUG 的命令都是一个字母,后面不带参数或带一个或多个参数。参数间用空格或逗号分隔,方括号只表示此参数可有可无,键入参数时不要方括号。命令和参数大写小写是等效的。DEBUG 中使用的数字隐含为十六进制,不要加后缀“H”。命令或参数输入有错时 DEBUG 不会执行并在下一行提示错误,所以每键入一条命令后要注意观察显示变化。

DEBUG 命令的说明见表 1.8,常用命令必须通过实验熟练掌握,本节先讨论几个常用的命令,使用这几条命令可以验证表 1.5 至表 1.7 人工计算及判断标志位是否正确。

表 1.8　DEBUG 命令说明

功能	命令	参数	说明
汇编	A	[地址]	输入助记符指令
比较	C	范围　地址	显示不匹配的地址及数据
显示内存	D	[范围]或[地址]	一般显示 8 行×16 个字节
修改内存	E	地址[数据表]	无数据表则按地址顺序单个修改

续表

功能	命令	参数	说明
填充内存	F	范围　数据表	用数据表重复填满范围
运行程序	G	[=地址][地址……]	断点最多 10 个
十六进制运算	H	数 1　数 2	显示加和减的结果
输入	I	端口号	从一端口输入并显示一字节
装入	L	[地址][驱动器][扇区][扇区数]	从磁盘装入文件或扇区
移动内存	M	范围　地址	数据块移到另一首址起
命名	N	[路径名][文件名]	命名文件提供给 L 和 W 命令用
输出	O	端口号　数值	将一字节从一端口输出
汇编	A	[地址]	输入助记符指令
进程	P	[=地址][数值]	与 T 命令同
退出	Q		结束 DEBUG,返回 DOS 状态
寄存器	R	[寄存器]	显示或修改寄存器值
检索	S	范围　数据表	显示匹配字符所在地址
跟踪	T	[=地址][数值]	从指定地址开始执行指定条数的指令
反汇编	U	[范围]	显示内存机器码对应的助记符指令
写	W	[地址][驱动器][扇区][扇区数]	将内存数据写入文件或扇区

1.5.4 寄存器命令

在图 1.12 中键入命令 R 及回车,则显示所有寄存器的值,如图 1.13。第一行是 8 个通用寄存器。第二行的左边是 4 个段寄存器,中间是指令指针 IP,右边是标志寄存器中的 8 个标志位。第三行显示的是当前 IP 所指的地址中的指令及其机器码。

图 1.13　显示寄存器命令

在 DEBUG 中,标志位的值不是直接显示 0 或 1,而是用两个字母表示,按图 1.13 中显示的标志位的顺序,列于表 1.9 中。例如:图 1.13 显示的“NV”表示 OF=0,如果显示“OV”则表示 OF=1。

表 1.9　DEBUG 中标志位的表示

标志位	OF	DF	IF	SF	ZF	AF	PF	CF
1/0	OV/NV	DN/UP	EI/DI	NG/PL	ZR/NZ	AC/NA	PE/PO	CY/NC

键入命令 RAX 及回车，显示如 1.14 所示。“0000”是寄存器 AX 原来的值，这时可键入 4 位十六进制数来修改 AX 的值。例如：键入 1234 回车，则 AX 的值被改为 1234H。修改完寄存器值后，最好用显示寄存器命令再检查一下。

图 1.14 修改寄存器值

要注意的是修改寄存器命令只能对 16 位寄存器操作，所以若要修改 AX、BX、CX、DX 这四个寄存器的低 8 位或高 8 位时，要保持高 8 位或低 8 位不变。例如在图 1.14 中，要修改 AL 为 34H，AH 不变，则键入 0034；要修改 AH 为 34H，AL 不变，则键入 3400。

显示和修改标志寄存器的命令是 RF，键入 RF 显示如图 1.15 所示。修改标志位的位数和顺序没有限制，每个标志位用 2 个字母输入，标志位间可以没有分隔符。例如在图 1.15 中要将 OF 和 CF 标志修改为 1，则输入“OVCY”或“CYOV”都可以。

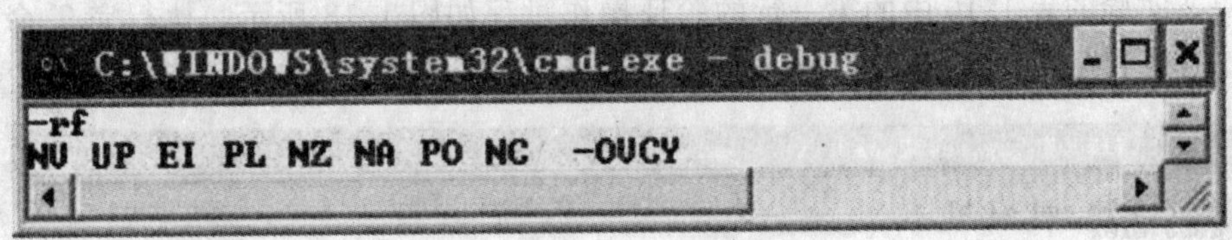

图 1.15 修改标志位

1.5.5 汇编命令

汇编命令的功能是将指令输入到指定地址中或当前 CS:IP 所指的地址中，可顺序输入多条指令。A 命令后带地址参数则从此地址开始输入指令，不带地址参数则从当前 CS:IP 地址开始输入指令。在 DEBUG 状态下键入 A 回车，屏幕显示如图 1.16，“1386：0100”是要输入指令的地址，1386 是段地址，不同电脑上可能不一样，0100 是偏移地址，这个地址要记住，后面执行这个地址中的指令时要指定这个地址。这时就可以顺序输入指令，每条指令一行，最后再加一个回车结束 A 命令。

现在输入在本章的两个实验中要用到两条指令，显示如图 1.17 所示。从偏移地址可以看出第一条指令占 2 个地址，第二条指令占 1 个地址。ADD AL，BL 指令的功能是将 AL 的内容和 BL 的内容相加，结果存 AL 中，并根据结果设置标志位；DAA 指令的功能在下一节中讲解。

图 1.16 汇编命令

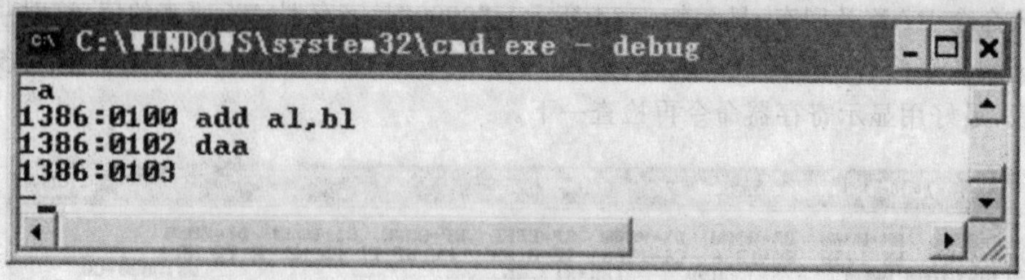

图 1.17 输入指令

1.5.6 单步运行命令

用 A 命令输入了 ADD AL,BL 指令并用 R 命令输入了 AL 和 BL 的值后,就可以用 T 命令来执行这条指令,以验证人工计算的结果及判断的标志位是否正确。要执行图 1.17 中的 ADD AL,BL 指令的 T 命令的格式是 T=100,这里必须注意指定要执行的指令的地址,而且地址前要加"="。当然 T 命令也可以一次执行多条指令,命令格式中增加 1 个指定指令条数的参数,如 T=100,2 命令是从 100 地址开始执行 2 条指令。DEBUG 执行完 T 命令后,会自动显示所有寄存器的值,以便操作者检查结果是否正确。

下一节实验的表 1.10 中的第一行的验证操作过程如图 1.18 所示。执行完 T 命令后显示的 AL 的值和标志位的值就是计算机的计算结果和判断结果。

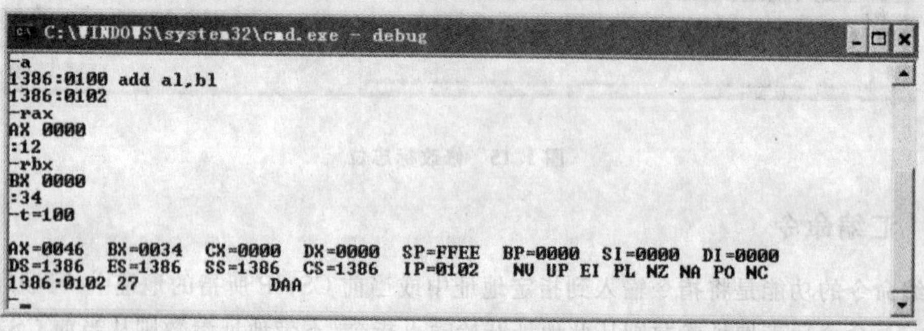

图 1.18 验证操作过程

1.6 判断标志位实验

1.6.1 实验目的

(1)掌握 8086 内部寄存器的分类、名称和功能;

(2)掌握标志寄存器中条件标志位的含义、功能和判断方法;

(3)掌握机器数和真值的概念及它们间的关系;

(4)掌握无符号数和带符号数的表示方法及运算原理;

(5)掌握 DEBUG 的基本操作方法(启动、退出、R、A 和 T 命令);

(6)理解 8086 基本指令(ADD、SUB)的功能。

1.6.2 实验准备

对表 1.10、表 1.11 中进行人工计算和标志位判断,将结果填入表格中。和或差用十六进制表示，标志位用 0 或 1 表示，真值用十进制表示。

1.6.3 必做实验

(1)按 1.5.6 的操作步骤在 DEBUG 中对表 1.10 进行验证，将指令执行的结果填入表格中，标志位用两个字母表示。具体操作步骤如下：

①用 A 命令写入 ADD AL,BL 指令，记住地址；

②用 R 命令将要计算的十六进制数写入 AL 和 BL 中；

③用 T 命令执行此指令，记录指令执行的结果。

ADD AL,BL 指令只需写入一次，从表格的第二行开始只需操作②③两步。

将人工计算和判断结果与指令的执行结果比较，若有不同，必须检查错在哪里并更正。可能是人工计算和判断有误，也可能是操作有误。若是操作有误，重新操作一遍；若是人工计算或判断有误，必须仔细思考无符号数加法和带符号数加法及标志位的原理，把理解错的概念纠正过来。

表 1.10 二进制无符号数、带符号数加法验证

	真值计算		机器数和		CF		OF		SF		AF		PF		ZF	
	无符号数 ? +? =?	带符号数 ? +? =?	人工	指令	人工	指令	人工	指令	人工	指令	人工	指令	人工	指令	人工	指令
12H+34H																
56H+78H																
9AH+12H																
BCH+DEH																
F0H+12H																
9AH+BCH																

(2)在 DEBUG 中对表 1.11 进行验证，要求和步骤与(1)相同。不同的是要将 ADD AL,BL 指令改为减法指令 SUB AL,BL。

表 1.11 二进制无符号数、带符号数减法验证

	真值计算		机器数差		CF		OF		SF		AF		PF		ZF	
	无符号数 ? −? =?	带称号数 ? −? =?	人工	指令	人工	指令	人工	指令	人工	指令	人工	指令	人工	指令	人工	指令
12H−CCH																
56H−88H																
9AH−EEH																
BCH−22H																
F0H−EEH																
9AH−44H																
12H−44H																
44H−12H																

1.6.4 选做实验

自行设计实验，对16位二进制无符号数、带符号数的加减运算和判断标志位进行验证。特别注意CF、OF、SF这三个标志位的判断。

1.6.5 思考题

(1)在表1.10中重点关注前三个标志CF、OF和SF，有哪两种组合未出现？两数相加时，这两种组合可能出现吗？为什么？

(2)在表1.11中重点关注前三个标志CF、OF和SF，有哪两种组合未出现？两数相减时，这两种组合可能出现吗？为什么？

(3)将表1.11的前6行与表1.10进行比较，表1.10中的加数与表1.11中的减数有什么关系？计算结果为什么相同？标志位哪几个是相同的？哪几个是不同的？为什么？

(4)根据表1.11的结果，能否总结出用标志位判断两个无符号数大小的方法？

(5)根据表1.11的结果，能否总结出用标志位判断两个带符号数大小的方法？

1.7 计算机中的十进制数及其运算原理

按前面章节所述，计算机只能用二进制表示数，它能进行无符号和带符号二进制数的运算。但是人们习惯于用十进制计算，能否让计算机直接进行十进制数的计算呢？答案是部分肯定的，即计算机能进行十进制数计算，但不能直接计算，只能用间接的办法进行计算。本节先了解计算机中表示十进制的方法，再讨论如何实现十进制计算。

1.7.1 BCD码

计算机中表示十进制数用BCD码(Binary Coded Decimal)，即二进制编码的十进制数，BCD码有压缩型和非压缩型两种形式，与十进制真值的对应关系如表1.2所示。每位十进制数用4位二进制表示，则一个字节可表示两位十进制数，这就是**压缩型BCD码**；一个字节只用来表示一位十进制数，即高4位为0，这就是**非压缩BCD码**。

有了BCD码的概念后，机器数和真值之间的转换就多了一层关系，必须注意区分。

例如计算机中有一个十六进制数98H，

若是无符号数它表示的真值是152；

若是带符号(补码)数它表示的真值是－104；

若是压缩型BCD码它表示的真值是98；

当然它不可能是非压缩型BCD码。

又例如有一个十进制数98，

用压缩型BCD码表示的机器数是98H；

用非压缩型表示的机器数0908H；

用无符号或带符号(补码)数表示的机器数都是62H。

1.7.2 计算机中BCD码的运算

CPU的算术指令只能进行二进制的运算，加(ADD)和减(SUB)指令在前几节中已经用过了，乘法指令和除法指令也一样，只能进行二进制的运算。不同的是，乘法指令只指定乘数，被乘数是隐含的；除法指令只指定除数，被除数是隐含的。例如：

乘法指令 MUL BL 的功能是将 BL 与 AL 相乘，结果存 AX 中；

除法指令 DIV BL 的功能是 AX 除以 BL，商存 AL 中，余数存 AH 中。

执行二进制的加、减、乘法指令后，再执行相应的调整指令，就可以把二进制的结果调整为 BCD 码的结果，当然前提条件是运算前的两个数必须是合法的 BCD 码。

BCD 码除法的原理略有不同，是先将 BCD 码调整成二进制，再进行二进制除法，结果为 BCD 码。

8086 的 BCD 码运算调整指令共有 6 条，如表 1.12 所示。

表 1.12 BCD 码运算调整指令

指令	功能说明
DAA	压缩型 BCD 码加法调整，将 AL 中的二进制和调整成压缩型 BCD 码。
AAA	非压缩型 BCD 码加法调整，将 AL 中的二进制和调整成非压缩型 BCD 码。
DAS	压缩型 BCD 码减法调整，将 AL 中的二进制差调整成压缩型 BCD 码。
AAS	非压缩型 BCD 码减法调整，将 AL 中的二进制差调整成非压缩型 BCD 码。
AAM	非压缩型 BCD 码乘法调整，将 AX 中的二进制积调整成非压缩型 BCD 码，十位数存 AH 中，个位数存 AL 中。
AAD	非压缩型 BCD 码除法调整，将 AX 中的非压缩型 BCD 码(AH 存十位数，AL 存个位数)调整成二进制存 AX 中。

先看加法的例子：设 AL＝45H，BL＝67H，则执行 ADD AL，BL 指令后结果是 AL＝0ACH，CF＝0，AF＝0；

再执行 DAA 指令时将 45H 和 67H 当成压缩型 BCD 码进行相加，结果是 112，个位、十位都有进位，所以 AL＝12H，CF＝1，AF＝1。

同理，设 AL＝05H，BL＝05H，则执行 ADD AL，BL 指令后结果是 AL＝0AH，CF＝0，AF＝0；

再执行 AAA 指令时将 05H 和 05H 当成非压缩型 BCD 码相加，结果是 10，个位有进位，所以 AL＝00H，CF＝1，AF＝1。

BCD 码加/减运算时我们重点关注 CF 和 AF 标志位，实际上，这时其他标志位是没有意义的。

再看减法的例子：设 AL＝47H，BL＝65H，则执行 SUB AL，BL 指令后结果是 AL＝0E2H，CF＝1，AF＝0；

再执行 DAS 指令时将 47HL 和 65H 当成压缩型 BCD 码进行相减，结果是 82，个位没借位、十位有借位，所以 AL＝82H，CF＝1，AF＝0。

这里要特别注意，结果不是－18，因为 BCD 码是不带符号的。

同理，设 AL＝05H，BL＝09H，则执行 SUB AL，BL 指令后结果是 AL＝0FCH，CF＝1，AF＝1；

再执行 AAS 指令时将 05H 和 09H 当成非压缩型 BCD 码相减，结果是 06，个位有借位，所以 AL＝06H，CF＝1，AF＝1。

从上面 AAA 和 AAS 的执行结果看，CF 和 AF 肯定是相同。因为非压缩型 BCD 码的高 4 位为 0，所以，若 AF 为 0，则 CF 必为 0；若 AF=1，则必须将 CF 也置 1，以便将个位数的进位传递给十位数。

接下来乘法的例子：设 AL=05H，BL=09H，则执行 MUL BL 指令后的结果是 AL=2DH，AH=00H；

再执行 AAM 指令时将 05H 和 09H 当成非压缩型 BCD 码相乘，结果是 45，将十位存 AH，个位数存 AL，所以 AH=04H，AL=05H。

非压缩型 BCD 码乘/除运算时一般不关注标志位，因为结果与标志位无关。

最后看除法的例子：设 AH=05H，AL=02H，BL=06H，则先执行除法调整指令 AAD，再执行 DIV BL 指令的最后结果是将 AH、AL 当成二位十进制数作为被除数，BL 作为除数，即 52 除以 06H，得商 AL=08H，余数 AH=04H；

根据这个结果我们可以倒推在执行 DIV BL 之前，即执行 AAD 后的 AH、AL 的值，按照**"被除数=商×除数+余数"**的公式，可以算出，被除数是 0034H，所以执行 AAD 后，AH=00H，AL=34H。

加、减计算时，十六进制数是逢 16 进 1，或借 1 为 16，而 BCD 码则是逢 10 进 1，或借 1 为 10。理解了这种差别，就很容易理解加法和减法调整指令的原理了。

乘法调整指令 AAM 的功能实际上是将一个字节的二进制数转换为 2 位非压缩型 BCD 码，除法调整指令 AAD 的功能实际上是将 2 位 BCD 码转换为 1 字节二进制数。

BCD 码调整指令的原理及在编程中的应用将在第三章中详细讨论。在做 1.8 节的"BCD 码运算实验"之前最好先预习第三章有关 BCD 码调整指令功能和原理的内容。

许多 CPU 只有 DAA 一条 BCD 码运算调整指令，若要实现 BCD 码运算只能先将 BCD 码转换为二进制，运算后再转回 BCD 码。BCD 码与二进制转换的原理和编程将在第四章中详细讨论。

1.8 BCD 码运算实验

1.8.1 实验目的

(1)掌握计算机中十进制数的压缩型和非压缩型 BCD 码表示方法；

(2)掌握计算机中 BCD 码的运算原理；

(3)掌握 6 条 BCD 运算调整指令的使用方法；

(4)熟练掌握 DEBUG 的基本操作方法(启动、退出、R、A 和 T 命令)；

1.8.2 实验准备

进行表 1.13 的人工计算和标志位判断，进行表 1.14 和表 1.15 中的人工计算，将计算结果填入表格中，用十六进制表示，标志位用 0 或 1 表示。

1.8.3 必做实验

(1)按 1.5.6 的操作步骤在 DEBUG 中对表 1.13 进行验证，将指令执行的结果填入表格中，标志位用两个字母表示。

表 1.13　压缩型 BCD 码加法验证

		AL		CF		AF	
		人工	指令	人工	指令	人工	指令
AL=12H,BL=34H	ADD AL,BL						
	DAA						
AL=34H,BL=56H	ADD AL,BL						
	DAA						
AL=56H,BL=63H	ADD AL,BL						
	DAA						
AL=56H,BL=65H	ADD AL,BL						
	DAA						
AL 38H,BL=49H	ADD AL,BL						
	DAA						
AL=83H,BL=94H	ADD AL,BL						
	DAA						
AL=99H,BL=99H	ADD AL,BL						
	DAA						
AL=98H,BL=75H	ADD AL,BL						
	DAA						
AL=89H,BL=57H	ADD AL,BL						
	DAA						

操作过程与 1.6 实验相同,如图 1.17 所示,执行 DAA 指令时用 T=102 命令。

将人工计算和判断结果与指令的执行结果比较,若有不同,必须检查错在哪里并更正。可能是人工计算和判断有误,也可能是操作有误。若是操作有误,重新操作一遍;若是人工计算或判断有误,必须仔细思考二进制及 BCD 码加法原理的区别和联系,把理解错的概念纠正过来。

(2)按表 1.14 在 DEBUG 中进行验证,操作方法与(1)相同。

若人工计算结果与指令执行结果不符,应仔细检查错误所在。

表 1.14　非压缩型 BCD 码乘法验证

		AH(人工)	AH(指令)	AL(人工)	AL(指令)
AL=06H,BL=07H	MUL BL				
	AAM				
AL=02H,BL=03H	MUL BL				
	AAM				

(3)按表 1.15 在 DEBUG 中进行验证,操作方法与(1)相同。

若人工计算结果与指令执行结果不符，应仔细检查错误所在。

表 1.15　非压缩型 BCD 码除法验证

		AH(人工)	AH(指令)	AL(人工)	AL(指令)
AL=06H，AH=07H BL=08H	AAD				
	DIV BL				
AL=02H，AH=03H BL=04H	AAD				
	DIV BL				

1.8.4　选做实验

参考实验内容(1)，自行设计实验，对调整指令 AAA、DAS 和 AAS 进行验证。特别注意理解这些调整指令的用法。

1.8.5　思考题

按 1.7 节的论述，BCD 码是无符号的。你能否设计一套带符号 BCD 码的表示方法？并分析进行加、减、乘、除运算的方法。

习题

1.1　按 1.1 节中公式(1.1)分别列出十进制、二进制和十六进制数的数学表示公式。

1.2　二进制数计算(列竖式)：

(1)1011 1101+0101 0110　(2)1011 1101+0101.0110　(3)1011.1101+0101 0110

(4)1011 1101−0101 0110　(5)1011 1101−0101.0110　(6)1011.1101−0101 0110

(7)1011 1101×0101 0110　(8)1011 1101×0101.0110　(9)1011.1101×0101 0110

(10)1011 1101 1001 0101÷1010 0101　(11)1011 1101.1001 0101÷1010 0101

(12)1011 1101 1001 0101÷1010.0101

1.3　将 1.2 题的(1)至(6)题中的数字转换为十六进制，在十六进制下进行计算。

1.4　将下列十进制数转换为二进制数(8 位整数或 8 位小数)和十六进制数(列式)：

(1)128　(2)255　(3)0.128　(4)0.255

1.5　将下列二进制数转换为十进制数：

(1)1111 1111　(2)1101 1011　(3)0.1010　(4)0.0101

1.6　参照图 1.1 画出 16 位机器数与真值的关系图。

1.7　将以下真值转换为 8 位或 16 位无符号数，用二进制和十六进制表示：

(1)128　(2)255　(3)12800　(4)25500

1.8　将以下真值转换为 8 位或 16 位原码、反码和补码，用二进制和十六进制表示：

(1)123　(2)−123　(3)128　(4)−128　(5)12345　(6)−12345

1.9　以下 8 位机器数分别是无符号数、原码、反码和补码时，求它们所表示的真值：

(1)0101 1010　(2)1010 0101　(3)1000 0000　(4)1100 0011

1.10　根据加法运算时判断溢出标志(OF)的三种方法，推出减法运算时判断溢出标志(OF)的三种方法。

第二章 汇编语言程序设计入门

本章讨论汇编语言程序设计的一些入门知识，如果寻址方式、数据传送指令、汇编语言源程序基本结构、汇编语言程序的上机过程等，为后续章节的学习打下坚实基础。

2.1 寻址方式

一条指令由**操作码**和**操作数**两部分组成，两部分之间用空格分隔，例如，第一章实验中已用过的 ADD AL,BL 指令中，ADD 是操作码，AL、BL 是操作数。

操作码表示此指令做何操作或运算，如第一章已用过的算术运算指令 ADD、SUB、MUL、DIV 等及调整指令 DAA、AAA、DAS、AAS、AAM、AAD 等，以后还会陆续介绍数据传送、逻辑运算、移位、串操作、转移指令等。在机器码中，操作码一般用第一个字节表示。

操作数部分指明指令的操作对象或运算的数，灵活地存储并指定操作数对指令效率影响很大，操作数的指定方法称为**寻址方式**。寻址方式不同则机器码的字节数不同。

大部分指令有两个操作数，两个操作数间用逗号分隔。第一个为称为**目的操作数**，既参加运算，也用来存计算结果；第二个称为**源操作数**，只参加运算，计算后内容不变。例如，在 ADD AL,BL 指令中 AL 目的操作数，BL 是源操作数。

有的指令只有操作码部分，没有操作数部分，这种情况并不是不需要操作数，而是隐含了操作数。第一章中用到的 6 条 BCD 码运算调整指令都属于这种情况，例如，DAA、AAA、DAS、AAS 默认的操作数是 AL；AAM、AAD 默认的操作数是 AX(AH、AL)。

有的指令有两个操作数，其中一个操作数在指令中指定，另一个操作数则是隐含的。例如，MUL BL 指令中，BL 是一个乘数，另一个乘数则是 AL，乘积则是 AX；DIV BL 指令中 BL 是除数，被除数是 AX，商是 AL，余数是 AH。

还有的指令只有一个操作数，这个操作数既是源操作数，也是目的操作数。加 1(INC)指令、减 1(DEC)指令、求补(NEG)指令和取反(NOT)指令等指令属于这种情况，这些指令在第三章和第四章中详细讲解。

当然有的 CPU 还有三个操作数的指令，8086CPU 没有这种指令。

从 1.3 节我们知道，微机由三大部件组成，待运行的程序存于存储器中；而数据可以存于存储器中，除此之外，数据还可以存在 CPU 中或 I/O 接口中。所以，从指令中操作数所存放的位置看，有三种情况：

第一种情况是操作数存放在 CPU 中，例如，指令 ADD AL,BL 中的操作数 AL 和 BL 是寄存器，当然在 CPU 中。

第二种情况是操作数存放在存储器中，这是最常用的情况。因为 CPU 中寄存器的数量是有限的，程序中大量的变量必须存放在存储器中。操作数若存放在存储器中，则如何找到操作数的问题就转化为如何指定操作数的地址的问题，这也正是为什么把指定操作数的方法这个概念称为寻址方式的原因。

第三种情况是操作数存放在I/O接口中。除了寄存器和存储器外,CPU运算的数据还可能来源于输入设备,或者,CPU的运算结果可能要输出给输出设备,这两种情况都要通过I/O接口传送数据,从CPU的角度看,操作数就在I/O接口中。

一个操作数对应一种寻址方式,一条指令中若有两个操作数就有两种寻址方式,这两种寻址方式可以相同,也可以不同。一条指令一般可以使用几种操作数或者操作数的组合,这正是指令的灵活之处。

从操作数的性质看,有运算的数据和转移的地址两种不同性质的操作数。

2.1.1 隐含寻址

指令中只有操作码没有指定操作数,根据操作码就可确定相应的操作数,这种寻址方式称为隐含寻址。

第一章中用到的BCD运算调整指令都使用这种寻址方式。乘法、除法指令的两个操作数之一也是隐含寻址。

隐含寻址的操作数在CPU中,隐含寻址的操作数大多既是原操作数也是目的操作数,指令执行过程中不需要取数的存数的步骤和时间。

2.1.2 立即寻址

指令中直接中给出要操作的数,这种寻址方式称为立即数寻址,简称立即寻址。在后续章节的指令格式描述中,立即寻址用“data”表示,它可以是一个8位或16位的立即数。

例如,指令 ADD AL,50H 的功能是将50H与AL中的数相加,结果存AL中,源操作数50H是立即寻址。

在机器码中,立即数直接跟在操作码之后,执行指令前已被读到指令队列中,所以,不需要取数的步骤和时间。

立即寻址只能用在源操作数上,目的操作数不能用立即寻址。因为目的操作数用来存运算结果,而立即数是一个常数,无法用来存其他数,这与高级语言中常数不能放在赋值语句“=”的左边的道理是一样。

2.1.3 寄存器寻址

指令中给出寄存器名称,寄存器的内容是要操作的数,这种寻址方式称为寄存器寻址。在后续章节的指令格式描述中,寄存器寻址用“reg”表示。寄存器寻址可以是8个通用16位寄存器AX、BX、CX、DX、SI、DI、BP、SP之一,也可以是8个8位寄存器AH、AL、BH、BL、CH、CL、DH、DL之一。

因为寄存器寻址只能使用8个8位寄存器之一,或者8个16位寄存器之一,所以,在机器码中,寄存器寻址用3位二进制编码表示不同的寄存器,用1位二进制表示16位或8位寄存器,共有4位二进制编码。

例如 ADD AL,50H 指令中,目的操作数AL是寄存器寻址。

寄存器操作数在CPU中,所以,对于源操作数,指令执行过程中不需要取数的步骤和时间;对于目的操作数,指令执行过程中不需要存数的步骤和时间。

2.1.4 段寄存器寻址

段寄存器寻址方式与寄存器寻址方式类似，指令中给出段寄存器的名称，其内容是要操作的数。在后续章节的指令格式的描述中用“segreg”表示段寄存器寻址。段寄存器可以是4个段寄存器CS、DS、ES、SS之一。

因为段寄存器共有4个，所以，在机器码中，段寄存器寻址用2位二进制代码表示不同的段寄存器。

在8086指令系统中只有通用数据传送指令MOV、堆栈操作指令PUSH和POP这3条指令可以使用段寄存器寻址方式。例如MOV DS,AX指令的功能是将AX的内容传送给段寄存器DS，其中目的操作数DS是段寄存器寻址。

段寄存器操作数也在CPU中，所以，对于源操作数，指令执行过程中不需要取数的步骤和时间；对于目的操作数，指令执行过程中不需要存数的步骤和时间。

2.1.5 I/O端口寻址

前面介绍的四种寻址方式，操作数都是在CPU中。若操作数是在I/O接口中，则只能用输入/输出(IN/OUT)指令操作，相应地，指定I/O接口中的操作数的寻址方式有直接和间接两种寻址方式。

直接I/O端口寻址是用一个8位无符号数来指定端口号，在后续章节的指令格式的描述中用“port”表示；间接I/O端口寻址是用16位寄存器DX来指定端口号。I/O接口的端口相当于存储器中的存储单元，端口号相当于存储器地址。

2.1.6 转移地址的寻址

在第一章的微机基本原理一节中，我们知道程序运行的基本原理是按地址顺序一条一条地执行指令，这种情况下指令指针IP会自动加1。但因程序分支或循环的需要，有时程序下一条要执行的指令不是在地址加1的地方，而是在有一段距离的另一个地址中，这时就要用到转移指令，并在转移指令中利用操作数指定目的地址。

从转移的远近看，有段间转移和段内转移两种类型；从指定目的地址的方法看，有直接转移和间接转移两种方式；段内直接转移还有一种称为短跳转的特殊形式。转移指令的寻址方式和功能在第三章中再作详细论述。

2.1.7 存储器操作数的寻址

高级语言编程中，变量都是存放在存储器中，在汇编语言编程中，操作数也大多以变量的形式存放在存储器中。所以，为了提高指令执行效率，在指令中要灵活地指定存储器操作数的地址。

在理解存储器操作数寻址方式之前，同学们必须分清**存储器地址**和**地址中内容**这两个概念，存储器划分一个一个的存储单元，每个存储单元可存储一个8位二进制数，每个单元有一个地址编号，地址编号的位数由CPU地址总线的位数决定。

8086CPU有20根地址线，所以，存储器每个单元的地址是20位(二进制)，称为**物理地址**。而CPU内部的寄存器都是16位，只用一个寄存器不能完整地表示存储器的物理地址。所以，8086把存储器的物理地址分解成两个分量，一个分量是**段地址**，存于CS、DS、ES或SS

这些段寄存器中;另一个分量是**偏移地址**,一般存于 BX、BP、SI、DI 等寄存器中。

段地址和偏移地址都是 16 位的,是存储器物理地址的一种表示方式,称为**逻辑地址**。将两个 16 位逻辑地址分量转换为 20 位物理地址的计算过程是在 CPU 内部的地址加法器中自动完成的,公式如下:

物理地址=段地址×10H+偏移地址

即,将 16 位的段地址左移 4 位(右边补 4 个 0),再加上 16 位的偏移地址。

例如,假定段地址为 1234H,偏移地址为 20H,则

物理地址=1234H×10H+0020H=12340H+0020H=12360H。

因为 8086CPU 有 4 个段寄存器,所以一个汇编语言程序一般可以分为 4 个段,与段寄存器对应,分别称为代码段、数据段、扩展段和堆栈段。段寄存器中的值乘 10H(即十六进制左移 1 位或二进制左移 4 位)就是每个段的**首地址**,所以段首址都是能被 16 整除的地址。偏移地址是 16 位的,所以每个段最大 64K,偏移地址地址范围是 0000~FFFFH。

编程时一般在主程序的开始处对段寄存器进行初始化,之后就可以只用偏移地址来对这些段中的数据进行读或写。因为程序一般不会用满一个段的 64K 空间,所以不同的段可以交叉或重叠。

存储器操作数的偏移地址与段地址是固定搭配使用的。偏移地址一般加方括号表示,也称为**有效地址 EA**。

依指定存储器地址的方法不同,存储器操作数共有以下 5 种寻址方式,在后续章节的指令格式的描述中,存储器操作数的 5 种寻址方式都用"mem"表示。

1. 直接寻址

在指令中直接给出存储器操作数的地址的方式是直接寻址方式。

例如:指令 ADD AL,[Xvar]的功能是将 Xvar 地址中的数据与 AL 相加,结果存 AL 中,其中 Xvar 是在数据段中定义的一个变量名,是直接寻址,变量名 Xvar 上的方括号也可省略,写成:ADD AL,Xvar。

初学者要特别注意直接寻址与立即寻址的区别,不能混淆。直接寻址要用变量名指定地址,不能用常数指定地址,例如,ADD AL,[20H]指令中的[20H]汇编时被当成了立即数寻址,而不是直接寻址。

与直接寻址方式固定搭配的段寄存器是 DS,若直接寻址的偏移地址用有效地址 EA 表示,则直接寻址的物理地址的计算公式是:

物理地址=DS×10H+EA

直接寻址的操作数相当于高级语言的一般变量,高级语言中变量名实际上是指定一个变量的地址,这个地址中的内容才是变量值。

2. 寄存器间接寻址

将存储器操作数的偏移地址存于一个 16 位寄存器中,指令中用方括号中的一个 16 位寄存器指定此偏移地址,这种寻址方式称为寄存器间接寻址。寄存器间接寻址方式可以使用的 16 位寄存器是 **BX** 或 **SI** 或 **DI** 或 **BP**,若使用前 3 个寄存器,则固定搭配的段寄存器是 **DS**;若使用 **BP**,则固定搭配的段寄存器是 **SS**。寄存器间接寻址方式的物理地址的计算公式如下:

物理地址=DS×10H+BX

或＝DS×10H＋SI

或＝DS×10H＋DI

或＝SS×10H＋BP

例如，ADD AL,[BX]指令功能是用 BX 的内容作为偏移地址，从数据段的此地址中取出数据与 AL 相加，结果存 AL 中，其中[BX]是寄存器间接寻址。

再例如，ADD AL,[BP]指令功能是用 BP 的内容作为偏移地址，从堆栈段的此地址中取出数据与 AL 相加，结果存 AL 中，其中[BP]是寄存器间接寻址。

寄存器间接寻址的操作数相当于高级语言中用一个指针型变量来指定另一变量的地址。

3. 寄存器相对寻址

这种寻址方式是将一个 16 位寄存器的内容与一个 8 位或 16 位的位移量相加作为偏移地址，可以使用的 16 位寄存器和寄存器间接寻址方式一样，偏移地址与段地址的固定搭配也和寄存器间接寻址方式相同。8 位或 16 位的位移量是带符号数，用 D8 或 D16 表示。根据使用的寄存器不同，寄存器相对寻址方式的物理地址的计算公式如下：

物理地址＝DS×10H＋BX＋D8，或＝DS×10H＋BX＋D16

或＝DS×10H＋SI＋D8，或＝DS×10H＋SI＋D16

或＝DS×10H＋DI＋D8，或＝DS×10H＋DI＋D16

或＝SS×10H＋BP＋D8，或＝SS×10H＋BP＋D16

例如，ADD AL,[SI＋5]指令的功能是：先将 SI 的内容与位移量 5 相加，得到结果作为存储器的偏移地址，从数据段的此地址中取出数据，再与 AL 相加，结果存 AL 中，其中[SI＋5]是寄存器相对寻址。当然，ADD AL,[SI－5]指令也是有效的，因为位移量是带符号，也就是说可以是正数，也可以是负数。

4. 基址变址寻址

这种寻址方式是将一个基址寄存器(BX 或 BP)与一个变址寄存器(SI 或 DI)的内容相加作为偏移地址，段寄存器的搭配由使用的基址寄存器决定，即若使用的基址寄存器是 BX，则搭配的段寄存器是 DS，若使用的基址寄存器是 BP，则搭配的段寄存器是 SS。基址变址寻址方式的物理地址的计算公式如下：

物理地址＝DS×10H＋BX＋SI，或＝DS×10H＋BX＋DI

或＝SS×10H＋BP＋SI，或＝SS×10H＋BP＋DI

例如，ADD AL,[BP＋DI]指令的功能是：先将 BP 与 DI 的内容相加，得到结果作为存储器的偏移地址，从堆栈段的此地址中取出数据，再与 AL 相加，最后结果存 AL 中，其中[BP＋DI]是基址变址寻址。

要注意的是，在基址变址寻址中，基址寄存器与变址寄存器只能相加，不能相减，也不能 2 个基址寄存器相加或 2 个变址寄存器相加。

例如，以下指令都是错误的：

ADD AL,[BP－DI]

ADD AL,[BP＋BX]

ADD AL,[SI＋DI]

5. 相对基址变址寻址

这种寻址方式是在基址变址寻址的基础上再加一个 8 位或 16 位的位移量，即将一个基址寄存器(BX 或 BP)与一个变址寄存器(SI 或 DI)的内容相加后，再与一个 8 位或 16 位的带符号位移量相加，最后的结果作为偏移地址。段寄存器的搭配由使用的基址寄存器决定，与基址变址寻址一样，BX 对应 DS，BP 对应 SS。相对基址变址寻址的物理地址的计算公式如下：

物理地址＝DS×10H＋BX＋SI＋D8，或＝DS×10H＋BX＋SI＋D16

或＝DS×10H＋BX＋DI＋D8，或＝DS×10H＋BX＋DI＋D16

或＝SS×10H＋BP＋SI＋D8，或＝SS×10H＋BP＋SI＋D16

或＝SS×10H＋BP＋DI＋D8，或＝SS×10H＋BP＋DI＋D16

例如 ADD AL，[BX＋SI－5]指令的功能是：先将 BX 和 SI 的内容相加，再与位移量－5 相加，得到的结果作为偏移地址，从数据段的此地址中取出数据与 AL 相加，最后结果存 AL 中，其中[BX＋SI－5]是相对基址变址寻址。

同样要注意的是，与基址变址寻址一样，在相对基址变址寻址中，基址寄存器与变址寄存器只能相加，不能相减，也不能 2 个基址寄存器相加或 2 个变址寄存器相加。

例如，以下指令都是错误的：

ADD AL，[BP－DI－5]

ADD AL，[BP＋BX－5]

ADD AL，[SI＋DI－5]

6. 存储器操作数寻址方式的使用

在以上 5 种存储器操作数的寻址方式的描述中，为了比较各种寻址方式的不同点，全部用 ADD 指令作为例子，而且各种寻址方式都用在源操作数上。实际上，各种存储器操作数的寻址方式也可用在目的操作数上，其他指令也可以使用存储器操作数。

关于物理地址的计算问题，我们只列出了计算公式，没有举例，具体计算较简单，同学们可利用习题自行练习。

有些教材和参考书将存储器操作数寻址方式划分为：直接寻址、寄存器间接寻址、基址寻址、变址寻址和基址变址寻址 5 种方式。前 2 种方式与本书前面的描述一样，后 3 种与本书前面的描述略有不同，但基本原理是一样的。这里的基址寻址和变址寻址两种寻址方式对应于前面说的寄存器相对寻址一种寻址方式，基址寻址相当于使用 BX、BP 的寄存器相对寻址；变址寻址相当于使用 SI、DI 的寄存器相对寻址；而这里的基址变址寻址包括了前面所说基址变址寻址和相对基址变址寻址 2 种寻址方式。

汇编语言编程中，使用最多的寻址方式是存储器操作数的寻址，按前面的论述，存储器操作数的寻址方式共有 5 种。物理地址的计算是由 CPU 自动完成的，编程时关键要记清每种寻址方式与段寄存器的固定搭配关系，避免用错。

编程中有时为了存取数据方便，不想按固定搭配的方式使用段寄存器，这种情况下可以进行**段替换**或称为段超越。例如，偏移地址使用 BP，但搭配的段寄存器要由 SS 改用 DS，可以将指令写成：

ADD AL，DS：[BP]或者 DS：ADD AL，[BP]

这里“DS：”称为段替换符，是 8086 汇编语言编程中的一个特殊操作符，如本例所示，写在存储器操作数的前面，或者写在指令操作码的前面都可以。执行这条指令计算物理地址时，CPU 会自动用 DS 代替 SS。理论上讲 4 个段寄存器都可以用来进行段替换。

存储器中每个地址单元可存放一个 8 位二进制数即 2 位十六进制数，称为一个字节；16 位二进制数即 4 位十六进制数称为双字节或一个字，要用 2 个连续的地址单元存放；32 位二进制数即 8 位十六进制数为双字，要用 4 个连续的地址单元存放。多字节数据的存放规则是：低字节存低地址，高字节存高地址，最低字节的地址就是字或双字数据的地址。

最低地址位为 0 的地址称为偶地址；最低地址位为 1 的地址称为奇地址。一个字数据若从偶地址开始存放，则称为规则字，存取时只需要一个总线周期；一个字数据若从奇地址开始存放，则称为非规则字，存取时需要两个总线周期。所以，为了提高指令执行效率，字数据应该从偶地址开始存放；同理，双字数据应该从能被 4 整除的地址开始存放。

从以上寻址方式的原理可以看出，直接寻址可用于对一般变量的操作；寄存器间接寻址和寄存器相对寻址可用于对一维数组变量操作；基址变址寻址和相对基址变址寻址可用于对二维数组变量操作。

例如：设一维数组的首地址是 BUF，若是字节数组，则地址表达式[BUF＋BX]中 BX 取 0，1，2，…，$n-1$，就可对数组中每个元素操作；若是字数组，则 BX 取 0，2，4，…，$2n-2$，就可对数组中每个元素操作。

8 位或 16 位的位移量可以用来指定数组的首地址，如前面例子中的 BUF，也可以用来指定数组中两个元素之间的地址差。

例如：若[BUF＋BX＋SI]指向一个二维字节数组的某一行中的某一元素，则[BUF＋BX＋SI－1]指向同一行的前一个元素，[BUF＋BX＋SI＋1]指向同一行的后一个元素。

存储器操作数[BUF＋BX＋SI]可以等效地写成 BUF[BX＋SI]或 BUF[BX][SI]。

编程时要注意，8086 规定，双操作数指令的两个操作数不能都是存储器操作数。

指令的执行时间与寻址方式是有关的，寻址方式越复杂，则 CPU 计算有效地址所花的时间就越长，总的执行时间也就越长。

2.2 数据传送指令

一个 CPU 多则有几百条指令，少则有几十条指令。8086 大概有 100 多条指令，指令是汇编语言编程的基本语法要素，理解的掌握这些指令是进行编程的必要前提条件。第一章中已经用到了加法(ADD)指令、减法(SUB)指令等，从本章开始，将按指令的功能分类详细讲解每条指令。

要学好每条指令必须了解这条指令的六个方面的内容：

一是指令的功能用途；

二是指令操作数的寻址方式或寻址方式组合；

三是指令对标志位的影响情况；

四是指令的执行时间；

五是指令机器码的字节数；

六是指令的机器码格式。

当然，前三个方面是最主要的，必须熟练掌握，后三个方面一般了解就行了。

指令的功能用途从操作码上很容易看出来；每条指令的操作数的寻址方式组合在后续章

节中会重点讲解。

必须特别指出的是，每条指令对标志位的影响情况是很重要的，掌握不好容易导致程序错误，而且这种错误难以发现和定位。每条指令对每个标志位的影响有三种情况：

一是有影响，即按指令的功能对标志位清 0 或置 1，例如，ADD、SUB 指令；

二是无影响，指令执行前后标志位不变；

三是不确定，执行指令后标志位清 0 或置 1 都有可能。

一个 CPU 能执行的所有指令的集合称为**指令系统**。按指令功能分类，8086 指令系统分为 6 大类：

(1)数据传送指令；

(2)算术运算指令；

(3)逻辑运算和移位指令；

(4)程序控制指令；

(5)串操作指令；

(6)处理器控制指令。

本节讨论最基本，也是最常用的数据传送指令。指令格式中 dst 表示目的操作数，src 表示源操作数，分号及后面的内容是注解。

2.2.1 通用数据传送指令

指令格式：MOV dst，src；dst←src

此指令是程序中使用最频繁的指令，目的操作数和源操作数的寻址方式有 4 种合法的组合形式：

①reg，data
　mem，data

②reg，mem
　mem，reg

③reg，reg

④segreg，reg16
　segreg，mem16
　reg16，segreg
　mem16，segreg

MOV 指令的功能是将源操作数传送给目的操作数，源操作数不被破坏，所以实际上是复制命令。MOV 指令是最典型的双操作数指令，4 种操作数组合必须熟记，以后论述双操作数指令时均与 MOV 指令作比较，其他绝大部分双操作数指令都只能用 MOV 指令的前三种寻址方式组合。

下面详细分析 4 种操作数寻址方式组合的用法，这些分析对后续章节的其他指令同样适用。

1. 立即数传送给寄存器或存储单元

立即数只能作源操作数，不能作目的操作数。目的操作数可以是 8 位或 16 位的寄存器，也可以是 8 位或 16 位的存储器操作数，存储器操作数的 5 种寻址方式都可以使用。例如，以下指令在目的操作数上使用了不同的寻址方式，都是正确的：

①MOV AL,01011010B ;目的操作数为8位寄存器

②MOV BX,34H ;目的操作数为16位寄存器

③MOV XVAL,－5000 ;目的操作数为直接寻址

④MOV BYTE PTR [BX],50 ;目的操作数为寄存器间接寻址

⑤MOV WORD PTR [BP＋5],0ABH ;目的操作数为寄存器相对寻址

⑥MOV [BX＋SI],"ABCD" ;目的操作数为基址变址寻址

⑦MOV [BP＋DI－5],56CDH ;目的操作数为相对基址变址寻址

从以上例子中的源操作数可以看出，若目的操作数是16位寄存器或存储单元，则立即数可以是8位或16位二进制数，若目的操作数是8位寄存器或存储单元，则立即数只能是8位二进制数。立即数可以写成以下几种形式：

(1)二进制，如例①，二进制就是计算机内部数据的实际存储形式。

(2)十六进制，如例②、⑤、⑦，为了书写简洁，将二进制写成十六进制形式。其中，

例②的执行结果是BL＝34H,BH＝00H；

例⑤中，为了避免计算机将十六进制数ABH误当成符号，前面加了一个0，它的执行结果是[BP＋5]＝ABH,[BP＋6]＝00H；

例⑦的执行结果是[BP＋DI－5]＝CDH,[BP＋DI－4]＝56H；

(3)十进制，如例④，计算机自动将十进制转换为二进制，再传送给目的操作数，所以此指令的执行结果是数据段中[BX]地址中的内容变为32H。

(4)十进制数前面还可带负号，如例③，计算机自动将它转换为带符号补码数，再传送给目的操作数，所以此指令的执行结果是XVAL变量值变为EC78H。实际上，十六进制立即数前面也可带负号，表示对此数求补。

(5)字符或字符串，如例⑥，计算机将字符的ASCII或字符串中每个字符的ASCII传送给目的操作数，所以此指令的执行结果是，数据段中从[BX＋SI]地址开始的4个字节分别按顺序写入41H、42H、43H、44H。

从例④、例⑤可以看出，若目的操作数是存储器，而立即数是8位，则存储器操作数必须有类型说明。在存储器操作数前面加"BYTE PTR"表示对存储器的操作是按字节操作，在存储器操作数前面加"WORD PTR"表示对存储器的操作是按字操作。如果没有加类型说明，则计算机无法知道是要按字节还是要按字操作。

下面再举一些错误指令的例子，错误的原因请同学们思考分析：

```
MOV 34H,AL
MOV AH,1234H
MOV AX,12345H
MOV [SI],123
```

2. 通用寄存器与存储器之间的传送

与第一种情况一样，存储器操作数也是5种寻址方式都可以使用。若通用寄存器是8位，则进行字节传送，若通用寄存器是16位，则进行是字传送。以下是一些例子：

```
MOV BL,XVAL        ;字节传送，源是存储器的直接寻址，目的是寄存器
MOV BX,[SI]        ;字传送，源是存储器的间接寻址，目的是寄存器
```

MOV [BX+SI],CL ;字节传送,源是寄存器,目的是存储器的基址变址寻址
MOV [BX+5],CX ;字传送,源是寄存器,目的是存储器的寄存器相对寻址

3. 两个通用寄存器之间的传送

源和目的必须同为 8 位寄存器或同为 16 位寄存器,例如:
MOV DL,AL
MOV DX,CX
而下面的指令都是错误的,错误的原因请同学们思考分析:
MOV AX,BL
MOV DL,CX

4. 段寄存器与通用寄存器或存储器之间的传送

8086 指令系统中只有 3 条指令对能对段寄存器操作,MOV 指令是其中一条。因为段寄存器是 16 位的,所以与之传送数据的通用寄存器或存储器操作数也必须是 16 位的,例如:
MOV DS,AX
MOV BX,SS
MOV ES,[BX]
MOV [BP],CS

在一段程序的开始处,经常需要用立即数对段寄存器赋初值,但是,立即数为源、段寄存器为目的的操作数寻址方式组合是非法的。所以,如果要对 DS 赋初值,要用以下 2 条指令:
MOV AX,DATA
MOV DS,AX
其中,DATA 是段名,汇编时翻译成一个立即数,对应段地址,当然,如果不用 AX,用其他 16 位寄存器也是可以的。

段寄存器作为源操作数时,DS、SS、ES、CS 都可以使用;但段寄存器作为目的操作数时,代码段寄存器 CS 不能使用,即:
MOV CS,AX
等指令是非法的。

还有一点必须指出,在 MOV 等数据传送类指令和其他数据操作类指令中,都不能将指令指针 IP 作为源或目的操作数。实际上 CS 和 IP 的修改操作只能用程序控制类指令间接地进行。以下指令都是错误的:
MOV AX,IP
MOV IP,BX

最后一点必须注意,以上 4 种寻址方式组合中,“mem,mem”这种组合是不存在的,也就是说,两个存储单元之间的传送是不允许的。若要将字变量 X1 的值传送给字变量 X2,以下指令是错误的:
MOV X2,X1
而必须用以下 2 条指令:
MOV AX,X1
MOV X2,AX

2.2.2 交换指令

指令格式:XCHG dst,src ;dst←→src

此指令的功能是将目的操作数和源操作数进行交换,所以实际上两个操作数都既是源也是目的。合法的操作数组合是 MOV 指令的 4 种组合中的第②和第③两种,即立即数和段寄存器是不能用的。例如以下指令是正确的:

```
XCHG AX,BX            ;16 位寄存器间交换
XCHG AL,AH            ;8 位寄存器间交换
XCHG [BX],AX          ;16 位寄存器与存储器交换
XCHG AL,[BP+SI]       ;8 位寄存器与存储器交换
```

而以下指令则是错误的:

```
XCHG AL,BX            ;源和目的类型不匹配
XCHG AL,12H           ;在 XCHG 指令中,立即数不能用
XCHG AX,DS            ;在 XCHG 指令中,段寄存器不能用
XCHG [BX],[SI]        ;源和目的不能都是存储器操作数
```

2.2.3 堆栈操作指令

堆栈是存储器中按先进后出(FILO,First In Last Out)原则组织的一段存储区域,也称为**堆栈段**。堆栈段的首地址由堆栈段寄存器 SS 指定,堆栈段的大小堆栈指针 SP 的初值决定。所以,程序中若都要用到堆栈,则必须定义堆栈段,并在程序开始处对 SS 和 SP 赋初值,具体方法在 2.3 中讨论。

堆栈的主要用途是在调用子程序时保存主程序的返回地址,保护现场,传递参数等。堆栈操作有入栈和出栈两条指令,都要用 SP 指针对堆栈进行操作。

1. 入栈指令

指令格式:PUSH src;SP←SP−2,SS:[SP]←src

此指令的功能是将一个源操作数压入堆栈,具体操作过程是:先将堆栈指针 SP 减 2,然后将源操作数存入堆栈段中用 SP 所指的地址中。

PUSH 指令中只指定源操作数,但从 PUSH 指令的操作过程可以看出,实际上,PUSH 指令是双操作数指令,目的操作数是隐含的,也可以理解为使用 SP 指针的寄存器间接寻址。

从 PUSH 指令的操作过程还可以看出,随着数据压入堆栈,SP 指针的值是减小的,所以 8086 的这种堆栈组织称为“下堆式堆栈”。

2. 出栈指令

指令格式:POP dst;dst←SS:[SP],SP←SP+2

此指令的功能是将堆栈顶部的数据弹出给目的操作数,具体操作是:以 SS 为段地址,SP 为偏移地址,将此地址中的数据取出传送给目的操作数,然后堆栈指针 SP 加 2。

POP 指令中只指定目的操作数,但从 POP 指令的操作过程可以看出,实际上,POP 指令是双操作数指令,源操作数是隐含的,也可以理解为使用 SP 指针的寄存器间接寻址。

两条堆栈操作指令的操作数都必须是 16 位,通用寄存器 reg 或存储器操作数 mem 均可,

存储器操作数的 5 种寻址方式都可以使用，也可以是段寄存器 segreg。例如以下指令是正确的：

```
PUSH   [BX+SI+5]                ;基址变址寻址
PUSH   BP                       ;16 位寄存器
PUSP   DS                       ;段寄存器
POP    [BP+DI-5]                ;相对基址变址寻址
POP    DX                       ;16 位寄存器
POP    ES                       ;段寄存器
```

而以下指令是错误的：

```
PUSH   1234H                    ;不能使用立即数
PUSH   AL                       ;不能使用 8 位寄存器
PUSH   IP                       ;不能使用 IP 寄存器
POP    1234H                    ;不能使用立即数
POP    AL                       ;不能使用 8 位寄存器
POP    CS                       ;代码段寄存器 CS 不能作目的
```

当程序需要保护某些数据时，可用 PUSH 指令将这些数据压入堆栈，要恢复数据时，用 POP 指令从堆栈弹出这些数据。因为堆栈操作是先进后出的，所以压入数据的顺序与弹出数据的顺序必须相反，而且，有多少条 PUSH 指令就必须有多少条 POP 指令与它们相对应。例如，程序中要保护 CX、DX，做完一些其他操作后要恢复 CX、DX 的值，则应该这样编写程序：

```
PUSH   CX
PUSH   DX
 ⋮     (其他指令)
POP    DX
POP    CX
```

堆栈定义和操作的一个例子如图 2.1 所示，设 SS＝5430H，SP 的初值为 0020H。在堆栈操作过程中，堆栈段寄存器 SS 的值是一直不变的，而堆栈指针 SP 的值为 20H 时堆栈是空的；若 SP 的值减到 0，则堆栈就满了。所以，按照物理地址与逻辑地址关系的计算公式，容易算出，程序中可以使用的堆栈段的物理地址范围是 54300H～5431FH。若程序使用堆栈超过了这个地址范围，则发生堆栈溢出的错误。也就是说，当堆栈空时，不能先执行 POP 指令，当堆栈已经满时，不能再执行 PUSH 指令。

堆栈段的最高地址 5431FH 称为栈底地址，当堆栈空时，栈顶地址与栈底地址是相同的的；每做一次 PUSH 操作，栈顶地址减 2；每做一次 POP 操作，栈顶地址加 2，也就是说，SP 指针总是指向栈顶地址。

下面分析顺序执行以下指令过程中堆栈的变化情况：

```
PUSH   AX
PUSH   BX
POP    AX
POP    BX
```

设执行此程序段之前，AX 值为 1234H，BX 值为 5678H。

首先执行 PUSH AX 指令，SP 减 2 变为 001EH，同时 AX 的值 1234H 压入堆栈，低字节在低地址，高字节在高地址，所以，5431FH 地址中的值为 12H，5431EH 地址中的值为 34H。

再执行 PUSH BX 指令，SP 再减 2 变为 001CH，同时 BX 的值 5678H 压入堆栈，5431DH 地址中的值为 56H，5431CH 地址中的值为 78H。

再执行 POP AX 指令，将堆栈中顶部(SP 所指的地址)中的数据 5678H 弹出给 AX，所以 AX＝5678H，同时 SP 加 2 变为 001EH。

最后执行 POP BX 指令，将堆栈中 SP 所指的地址中的数据 1234H 弹出给 BX，所以 BX＝1234H，同时 SP 加 2 变为 0020H。

在这个例子中，因为两条 PUSH 指令和两条 POP 指令的操作数的顺序相同，所以最后的结果正好是把 AX 和 BX 交换了。

最后，必须指出的是，堆栈段中数据的存储和读取操作一般使用 PUSH 和 POP 指令，但当然若有特别的需要，也可以用 BP 指针及 MOV 指令对堆栈段任意地址中的数据进行随机的操作。在本书第七章的 7.3.4 节中有这方面的应用例子。

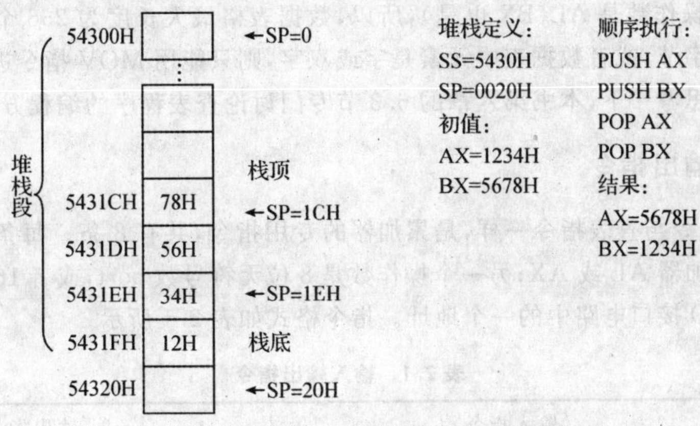

图 2.1 堆栈定义及操作

2.2.4 查表指令

指令格式：XLAT ；AL←DS：[BX＋AL]

或 XLAT src_table ；AL←DS：[BX＋AL]

此指令也称作换码指令，用 BX 指向数据段中一个表格的首地址，AL 为某元素的下标(0～255)，查表得到此元素的值存于 AL 中。此指令固定搭配使用的段寄存器是数据段寄存器 DS，也可以段替换。

若数据表格在数据段中，则两种指令格式是完全等效的，第二种格式中的操作数 src_table 是表示数据表格首地址的变量名，可以省略。若数据表格不在数据段中，则 src_table 就不能省略，可以起到段替换的作用。

使用这条指令进行查表前，必须将数据表格的首地址赋给 BX，将元素下标赋给 AL，例如，数据段有一个数据表格，首地址是 TABLE，要读取下标为 5 的元素的值，则必须用下列指令：

```
MOV   BX,OFFSET TABLE
MOV   AL,5
XLAT  (或者 XLAT TABLE)
```

其中,第1条指令"MOV BX,OFFSET TABLE"的功能是将变量TABLE的偏移地址赋给BX,"OFFSET"是汇编语言中的一个操作符。第3条指令使用"XLAT"或者"XLAT TABLE"是等效的,"XLAT TABLE"中的TABLE只是说明要查哪一个表格,本身没有将偏移地址赋给BX,所以,不能因为使用了"XLAT TABLE"指令,就不写"MOV BX,OFFSET TABLE"指令。

若数据表不在数据段中,则第3条指令就只能用"XLAT TABLE",若要用"XLAT指令",则要加段替换前缀,例如,若数据表在扩展段中,则第3条指令写成"ES:XLAT"就可以了。

XLAT指令使用的寻址方式较特殊,但仅此一条指令,所以在寻址方式一节中未单列成一种寻址方式,也可以认为这条指令的寻址方式是隐含寻址。有的教材将此指令归类到累加器专用指令一类。

因为XLAT指令的目的操作数是AL,所以,表格中每个元素应该是字节数据;因为XLAT指令的源操作数是AL(BX也是),所以,数据表格最大长度为256个字节。若表格的长度大于256个字节,或者数据表中元素是字或双字,则只能用MOV指令进行查表。具体方法同学们可以先思考一下,本书第六章的6.3节专门讨论查表程序的编程方法。

2.2.5 输入/输出指令

输入/输出指令与查表指令一样,是累加器的专用指令,共有8条。每条指令的其中一个操作数必须是累加器AL或AX;另一个操作数是8位无符号数port,或者16位的数据寄存器DX,用来指定I/O接口电路中的一个地址。指令格式如表2.1所示。

表2.1 输入输出指令

	输入指令		输出指令	
	直接寻址	间接寻址	直接寻址	间接寻址
字节操作	IN AL,port	IN AL,DX	OUT port,AL	OUT DX,AL
字操作	IN AX,port	IN AX,DX	OUT port,AX	OUT DX,AX

用port指定地址是直接寻址方式,用DX指定地址是间接寻址方式,若地址超过8位,则只能用间接寻址。每条指令的功能如下:

IN AL,port指令的功能是将I/O接口电路port地址中一个字节数据输入到累加器AL;

IN AL,DX指令的功能是将I/O接口电路DX地址中一个字节数据输入到累加器AL;

IN AX,port指令的功能是将I/O接口电路port地址中一个字数据输入到累加器AX;

IN AX,DX指令的功能是将I/O接口电路DX地址中一个字数据输入到累加器AX;

OUT port,AL指令的功能是将AL的值输出到I/O接口电路port地址中;

OUT DX,AL指令的功能是将AL的值输出到I/O接口电路DX地址中;

OUT port,AX指令的功能是将AX的值输出到I/O接口电路port地址中;

OUT DX,AX指令的功能是将AX的值输出到I/O接口电路DX地址中。

从IN/OUT指令的功能可以看出,IN/OUT指令是接口电路操作数与寄存器(AL/AX)间的传送数据,相当于存储器操作数与寄存器间传送数据的MOV指令,具体如下:

IN AL,port指令相当于MOV AL,[port];

IN AL,DX 指令相当于 MOV AL,[DX];

IN AX,port 指令相当于 MOV AX,[port];

IN AX,DX 指令相当于 MOV AX,[DX];

OUT port,AL 指令相当于 MOV [port],AL;

OUT DX,AL 指令相当于 MOV [DX],AL;

OUT port,AX 指令相当于 MOV [port],AX;

OUT DX,AX 指令相当于 MOV [DX],AX。

将 IN/OUT 指令与 MOV 指令比较,是为了理解 IN/OUT 指令的功能,实际上,MOV 指令中,DX 是不能作寄存器间接寻址的,也不能用 8 位无符号数 port 进行直接寻址。

MOV 指令中,存储器地址要加方括号,而在 IN/OUT 指令中,port 和 DX 是接口电路地址,按理也要加方括号,为了简化指令格式,省略了方括号。

为了与存储器的地址相区分,以后我们将接口电路中的地址称为端口号。

CPU 与存储器传送数据时,使用 20 位物理地址,而与接口电路传送数据时,只使用 16 位地址,所以,MOV 指令要用段寄存器来指定存储器操作数的段地址,而 IN/OUT 指令不使用段寄存器。

IN/OUT 指令是唯一的一组能对 I/O 接口中的操作数进行操作的指令,所以,若要对 I/O 端口中的数据进行计算,必须先用 IN 指令输入到 AL 或 AX 中,再进行计算;若要将数据输出到 I/O 接口中,必须先将数据存到 AL 或 AX 中,再用 OUT 指令输出。

IN/OUT 指令的字操作原理与存储器的字操作原理一样,实际上是对相邻的两个端口号中的数据进行操作,低端口号中的数据为低字节,高端口号中的数据为高字节。

在本书后续章节的所有例程中,数据都存放在存储器中,所以都不会用到 IN/OUT 指令。在后续课程《微机接口技术实践教程》中,就会经常用到 IN/OUT 指令。

2.2.6 地址传送指令

地址传送指令共有 3 条,主要用于对存储器操作数的地址指针,即偏移地址和段地址进行初始化。

1. 有效地址传送

指令格式:LEA reg16,mem;reg16←mem 的偏移地址

此指令的源操作数必须是存储器操作数,目的操作数必须是 16 位的通用寄存器,功能是将存储器操作数的偏移地址传送给一个 16 位通用寄存器。例如,设 BX=0010H,则:

执行 LEA SI,[BX+5]指令后,SI=0015H;

若执行 LEA BX,[BX+5],则 BX=0015H。

这里要注意,LEA 指令传送的是偏移地址,不是地址中的内容。

指令 LEA SI,[XVAL]与

指令 MOV SI,OFFSET[XVAL]是等效的,但与

指令 MOV SI,[XVAL]功能是不一样的。

这里 OFFSET 是汇编语言中的一种操作符,功能是取存储器操作数的偏移地址,

2. 地址指针送寄存器和 DS

指令格式:LDS reg16,mem32;reg16←[mem32],DS←[mem32+2]

3. 地址指针送寄存器和 ES

指令格式:LES reg16,mem32;reg16←[mem32],ES←[mem32+2]

上面两条地址指针传送指令的源操作数必须是 32 位的存储器操作数,目的操作数必须是 16 位的通用寄存器。它们的功能是相同的,不同仅在于隐含的目的段寄存器不同,前一条指令是 DS,后一条指令是 ES。

这两条地址指针传送指令的功能是将 32 位的存储器操作数的前 2 个字节当成偏移地址传送给一个 16 位的通用寄存器,将后 2 个字节当成段地址传送给段寄存器 DS 或 ES。例如:

设 DS=1234H,BX=0010H,存储器中(12350H)=5678H,(12352H)=9ABCH,则执行 LDS BX,[BX]指令后,BX=5678H,DS=9ABCH。

2.2.7 标志位传送指令

本节前面讲解的所有指令都可以对寄存器操作,但都不包括标志寄存器,若要对标志寄存器操作只能使用专用的标志位传送指令。这类指令共有 4 条,只有这 4 条指令能按字节或字直接对标志寄存器进行操作。这 4 条标志位传送指令都是隐含寻址方式。使用这些标志位传送指令可以读出标志位进行判断或对标志位设置初始状态。

1. 标志寄存器送 AH

指令格式:LAHF;AH←标志寄存器低 8 位

2. AH 送标志寄存器

指令格式:SAHF;标志寄存器低 8 位←AH

以上两条标志位传送指令是在累加器高 8 位 AH 与标志寄存器低 8 位间传送。要注意的是,6 个条件标志位中有 5 个在低 8 位上,OF 标志在高 8 位上。若要对标志寄存器的高 8 位进行传送,只能用下面的标志位入栈和出栈指令。

3. 标志寄存器入栈

指令格式:PUSHF;SP←SP-2,SS:[SP]←标志寄存器

4. 标志寄存器出栈

指令格式:POPF;标志寄存器←SS:[SP],SP←SP+2

标志寄存器入栈和出栈指令与一般操作数的入栈和出栈指令的功能完全相同。

2.2.8 数据传送指令对标志位的影响

从指令的功能看,很显然 SAHF 和 POPF 指令对标志位是有影响的,除这两条指令外,本节中讲授的其他数据传送指令均对标志位没有影响。

2.3 汇编语言源程序结构

高级语言的编译程序对源程序的总体结构及每行(每条语句)的语法都有严格要求。汇编语言的汇编程序也一样,对汇编语言源程序的结构及每条指令的格式都有严格的要求。不同公司的汇编程序和同一公司不同版本的汇编程序对源程序的语法格式要求大同小异。完整的源程序结构如表 2.2 所示。

表 2.2 源程序结构

```
DATA   SEGMENT           ;数据段开始
  ……                     ;伪指令,定义数据段变量
DATA   ENDS              ;数据段结束
EXTRA   SEGMENT          ;扩展段开始
  ……                     ;伪指令,定义扩展段变量
EXTRA   ENDS             ;扩展段结束
STACK   SEGMENT          ;堆栈段开始
  ……                     ;伪指令,定义堆栈段大小
STACK   ENDS             ;堆栈段结束
MAC1   MACRO             ;宏指令定义开始
  ……                     ;伪指令或指令,宏定义体
ENDM                     ;宏指令定义结束
CODE   SEGMENT           ;代码段开始
ASSUME  CS:CODE,DS:DATA,ES:EXTRA,SS:STACK
START:                   ;主程序起始地址定义
  MOV   AX,DATA          ;段寄存器 DS 初始化
  MOV   DS,AX
  MOV   AX,EXTRA         ;段寄存器 ES 初始化
  MOV   ES,AX
  MOV   AX,STACK         ;段寄存器 SS 初始化
  MOV   SS,AX

  ……                     ;指令
  CALL  SUB1             ;调用子程序
  ……                     ;指令
  MAC1                   ;调用宏指令
  ……                     ;指令
  MOV   AH,4CH           ;返回 DOS
  INT   21H
SUB1  PROC               ;子程序定义开始
  ……                     ;指令,子程序体
  RET                    ;返回主程序
SUB1  ENDP               ;子程序定义结束
CODE  ENDS               ;代码段结束
END  START               ;结束汇编
```

2.3.1 分段结构

汇编语言源程序的基本结构是分段结构，对应于 CPU 中的 4 个段寄存器，源程序一般最多可分为 4 个段，按表 2.2 中的定义顺序，分别称为数据段、扩展段、堆栈段和代码段。当然这种定义顺序不是强制的，也不是所有程序都必须定义 4 个段，最简单的程序只需定义一个代码段。

一个段由伪指令 SEGMENT 开始，由伪指令 ENDS 结束。表 2.2 中的 DATA、EXTRA、STACK 和 CODE 是段名，段名是可以任意定义的，只要不与保留字重名就行。数据段、扩展段和堆栈段中的内容一般比较简单，用一些定义数据的伪指令来定义一些程序要用到的变量，或预留一定大小的堆栈空间，代码段中的内容则较复杂。

首先，在代码段的第一行必须用 ASSUME 伪指令确定每个段的性质，也就是确定每个段所使用的段寄存器：

ASSUME CS:CODE,DS:DATA,ES:EXTRA,SS:STACK

有了这个定义后，若直接寻址的存储器操作数与其隐含的段寄存器不符，则汇编程序汇编时会自动加入段替换符。例子见表 2.4 程序中的"MOV AX,B2"指令，实验时要仔细观察。

要注意的是，因为 ASSUME 语句中有"DS:DATA"，所以 DATA 段是数据段，而不是因为"DATA"这个名称。实际上，数据段命名为 DATA 只是个习惯，其他段命名为 CODE、EXTRA、STACK 也是一样的。

其次，在代码段的第一条可执行语句前必须有一个标号，如表 2.2 和表 2.4 中的"START:"，在程序的最后一行(代码段结束之后)用"END START"结束整个程序。这条伪指令语句有两层含义，一是整个程序结束，二是指定 START 为程序的起始地址。

主程序模块必须定义起始地址，系统装入程序运行时才能找到程序入口，若是子程序模块就不要定义起始地址。END 伪指令实际上是结束汇编的意思，所以只能出现在程序的最后一行，若出现在程序的中间部分，则汇编程序对其后面的指令不扫描处理。

第三，在主程序的开头部分必须对要用到的段寄存器赋初值，CS 段寄存器除外。例如：

MOV AX,DATA

MOV DS,AX

两条指令能对 DS 赋初值，段名 DATA 被当成一个立即数。

实际上 DS、ES、SS 三个段寄存器的初值在汇编时是浮动的，程序装入内存时再由系统根据内存的使用情况自动分配，系统把用户程序当成系统的一个子程序来调用。

最后，在代码段的结尾处，必须用"MOV AH,4CH"和"INT 21H"两条指令实现返回系统的功能。这两条指令是 DOS 功能调用，有关 DOS 功能调用的原理在第五章中论述。用户程序运行结束当然要把 CPU 的控制权交还操作系统，否则会造成死机。

在源程序结构中，还有一种结构与段结构是并列的，这就是宏指令定义。宏定义由伪指令 MACRO 开始，伪指令 ENDM 结束。表 2.2 中的"MAC1"是一个宏指令名，由程序员根据需要自行定义。主程序中调用宏指令的格式是直接把宏指令名当成一条指令。

子程序在汇编语言编程中也称为过程，它是代码段的一部分，一般列在主程序的后面。表 2.2 中，"SUB1"是子程序名或称为过程名，PROC 是过程定义伪指令，ENDP 是过程结束伪指令，这两条伪指令之间的部分就是子程序的主体。要注意的是，子程序中必须有返回指令 RET，使子程序运行结束后能返回到主程序，主程序中要调用子程序则用 CALL 指令。

汇编语言源程序中的每一行可以有任意个前导空格，编辑源程序时，一般要按程序的层次结构写成锯齿的形状,里层的结构要比外层的结构内凹几个空格位置。这样使程序结构清晰,便于阅读。

2.3.2 语句格式

汇编语言源程序中,每一行为一条语句,共有三种不同类型的语句,即指令语句,伪指令语句和宏指令语句。不同类型的语句,在格式略有不同。每条语句的后面可加注释,用分号引导,注释也可单独一行,汇编程序对注释不加任何处理。

1. 指令语句

格式:标号:操作码　目的操作数,源操作数;注释

指令语句是汇编时能生成相应的机器码的指令。标号与操作码间用冒号分隔,操作码与第一个操作数间用空格分隔,两个操作数间用逗号分隔,其中标号和注释根据需要可有可无。有的指令只有一个操作数或不带操作数,这些情况在第一章已讲解的指令中都已出现过。

2. 伪指令语句

格式:变量　操作码　操作数,…,操作数;注释

伪指令语句是汇编时起辅助作用的语句,不产生机器码,也称为指示性语句。表 2.2 中的大部分语句都是伪指令语句。与指令语句一样,变量和注释根据需要可有可无。与指令语句不一样的是,变量与操作码间用空格分隔。有的伪指令不带操作数,有的伪指令的操作数可以超过两个,多个操作数间都用逗号分隔。

3. 宏指令语句

格式:标号:宏指令名　实际参数;注释

宏指令语句的格式与指令语句类似,不同之处在于可能有多个参数。在表 2.2 的程序结构中可以看出,先用 MACRO 伪指令定义了一条宏指令后,在代码段中就可以用宏指令语句来调用此宏指令。表 2.2 的例子是比较简单的情况,宏定义中不带形式参数,宏调用中也就不带实际参数,应用的例子见第五章。完整的宏定义和宏调用可以带参数,这种语法规则与高级语言函数调用中的参数传递相同。

2.3.3 变量和标号

变量和标号是各种语句类型中的重要元素,变量和标号实际上都是用一个标识符来表示存储器中的地址,标号只能在代码段中定义,变量可以任意段中定义。变量和标号都有段地址、偏移地址和类型三个属性,变量的类型属性有 BYTE、WORD、DWORD 等几种,即字节、字或双字;标号的类型属性有 NEAR 和 FAR 两种,即近或远,也称为段内或段间。

在指令语句或伪指令语句中,可以把变量或标号当成操作数使用,汇编时会检查它们的定义类型与使用类型是否符合,若不符合则报警告性错误。

2.3.4 操作数、表达式和操作符

在三种语句类型的格式中,操作数都是最灵活和最复杂的部分。操作数可以是寄存器、常量、变量、标号等,也可以是表达式。用操作符将寄存器、常量、变量、标号等连在一起,称为表达式。

指令中任何一个操作数的位置都可以用一个表达式代替，但前提条件是：表达式必须有意义，并且在汇编时能计算出一个结果。汇编时，汇编程序对表达式进行计算，得到一个数值或一个地址，所以表达式分为数值表达式和地址表达式两种。数值表达式可以用在立即数、位移量和常数等的位置上，地址表达式用在存储器操作数的位置上。

表达式中的操作符可分为两大类，一类与高级语言中使用的运算符相同或相似，这类操作符较容易理解；另一类是汇编语言程序的表达式中特有的。常用的操作符按功能不同分为以下几类：

(1)算术操作符：有＋、－、*、/和 MOD(求余)共 5 个。

5 个算术操作符都可以对数值量进行计算，后 3 个算术操作符不能对地址值进行计算，一个地址值可以加或减一个常数表示另一个地址，同一个段中的两个地址相减表示这两个地址间隔单元数。

(2)逻辑操作符：有 AND、OR、XOR、NOT、SHL(左移)和 SHR(右移)共 6 个。

这些逻辑操作符与指令的操作码写法相同，要注意不能混淆。逻辑操作符只能对数值量进行操作，不能对地址值操作。

(3)关系操作符：有 EQ(相等)、NE(不等)、GT(大于)、LT(小于)、GE(大于等于)和 LE(小于等于)共 6 个。

关系操作的结果是逻辑值，用 0 表示“假”，用 0FFH 或 0FFFFH 表示“真”，根据操作数是字节或字而定。关系操作符可以对两个数值量进行比较；同一个段中的两个地址也可以用关系操作符进行比较操作，要注意比较的是地址的大小，不是内容的大小。

(4)分析操作符：也称为数值回送操作符，有 SEG、OFFSET、TYPE、LENGTH 和 SIZE 共 5 个。

前三个操作符的功能是分别取变量或标号的三个属性分量，即段地址、偏移地址和类型。变量的类型值有三种：1 表示 BYTE，2 表示 WORD，4 表示 DWORD；标号的类型值有两种：0FFH 或 0FFFFH(－1)表示 NEAR，0FEH 或 0FFFEH(－2)表示 FAR。LENGTH 操作符是取变量中用 DUP 定义的数据的个数，SIZE 是取变量中用 DUP 定义的数据的总字节数，所以 SIZE 值是 LENGTH 的值和 TYPE 的值的乘积。

(5)属性操作符：有 HIGH、LOW、SHORT、PTR、THIS 和段操作符共 6 个。

其中 HIGH 和 LOW 也称为字节分离操作符，分别取一个数值或一个地址的高字节或低字节。SHORT 操作符定义一个段内标号为短类型。PTR 和 THIS 用来改变标号或变量的类型属性。段操作符用来定义地址表达式的段属性，寻址方式一节讲到的段替换即“段寄存器：地址表达式”就是段操作符，段操作符还可以用“段名：地址表达式”表示。

以上只对操作符作了简单介绍，没有举例，同学们可以自行设计实验进行验证，并在编程实践中逐步掌握和应用。

2.3.5 常用伪指令

在 2.3.1 中已经介绍了一些常用的伪指令，如段定义 SEGMENT，段结束 ENDS 等，下面再介绍两条常用的伪指令。

1. 符号定义伪指令

伪指令格式：名称　EQU　表达式

或:名称=表达式

符号定义伪指令也称为表达式赋值伪指令,一般集中放在所有段的前面或每个段的开始处。有时程序中同一个表达式或常数要出现多次,为了简化程序并使表达式或常数的意义明了清晰,可用符号定义伪指令为表达式或常数取一个名称,程序中都可以用这个名称代替表达式或常数。这样做还有一个更重要的好处就是,若编程过程中需要修改表达式或常数,则在此伪指令处修改就即可,程序的其他地方都不需修改,这样不仅节省时间,还可大大减少修改出错的可能性。

例如,设一程序中有3处循环,循环次数相同,用5次来调试程序,调试成功后循环次数要改为1000,则程序可以这样写:

```
COUNT EQU 5
……
MOV CX,COUNT;置循环次数
……;循环
MOV CX,COUNT;置循环次数
……;循环
MOV CX,COUNT;置循环次数
……;循环
```

要修改循环次数时,只需将EQU伪指令后的5改为1000,程序中3个COUNT就都变成1000了。

符号定义伪指令两种格式的差别是:由EQU定义的名称不能重新定义,用=定义的名称可以重新定义。

用EQU给一个常数取一个名称,则我们将此常数称为符号常量,符号常量是一种标识符。前面讲过的变量、标号、段名、子程序名和宏指令名等都是标识符,而指令操作码、伪指令操作码、寄存器名等是保留字。标识符由编程者任意定义,但不能与保留字相同。标识符命名时应尽量使用意义明确的单词或缩写,有利于看懂程序。标识符和保留字都是大小写不敏感的。

2. 数据定义伪指令

伪指令格式:变量　伪操作符　表达式,表达式,……;注解

　　　或:变量　伪操作符　重复次数　DUP(表达式,表达式,……);注解

变量和注释可有可无,若有变量名,则与伪操作符用空格分隔。按所定义的数据的字节数不同,定义数据的伪操作符有以下5个:DB(字节)、DW(字)、DD(双字)、DQ(8个字节)和DT(10个字节)。其中DW还可用来定义变量或标号的偏移地址,DD还可用来定义变量或标号的偏移地址和段地址。DB和DW可用来定义字符和字符串,字符或字符串要用引号括起来。

若要定义的一组数据是相同的,或是有规则地重复的,则可以使用第二种格式进行数据的定义。若只是预留地址空间,没有初始数值,则数据项可以写为"?",每个"?"表示一个数据,占用的地址数由伪操作符决定,系统自动赋初始值0。

数据定义伪指令一般放在数据段、扩展段或堆栈段中,当然若有特殊需要,放在代码段中也是可以的。数据定义伪指令实际上完成的功能是按偏移地址顺序将数据存入相应的段中。每个段的段地址由系统分配,段中的偏移地址都是从0开始递增编号。系统还按源程序相同的顺序安排各个段的顺序,因为段首址必须是能被16整除的地址,所以每个段的尾部未用满16字节的部分空置不用。

一条数据定义伪指令可以定义多个数据，若前面有变量名，则此变量的地址是第一个字节的地址。数据定义伪指令的两种格式可以混合使用。

编程中最常用的伪指令是数据定义伪指令，数据定义伪指令的使用例子详见“2.5 指令错误分析及寻址方式实验”的实验内容(2)，同学们要通过这个实验掌握数据定义伪指令的原理与用法。

2.4 汇编语言程序上机过程

高级语言的上机过程要经过编辑、编译、连接、调试，最后运行等几个步骤，汇编语言程序的上机过程与此类似，也要经过编辑、汇编、连接、调试，最后运行等几个步骤。不同的是，高级语言的这几个上机步骤是在一个集成的开发环境中进行的，而汇编语言的这几个上机步骤要在 CMD 窗口中分别用一条命令来完成。当然汇编语言程序开发也有集成开发环境可以使用。

2.4.1 编辑

第一次编辑源程序之前，应在数据盘 D 盘中创建自己的一个文件夹，打开此文件夹，将以后要用到的两个可执行文件 MASM.EXE 和 LINK.EXE 复制到此文件夹中。注意文件夹名称要用英文字母和数字，如自己的学号等，不能超过 8 个字符。图 2.2 是在 C 盘上创建了 ASMLAB 文件夹并复制了所需的两个可执行文件后的情况。

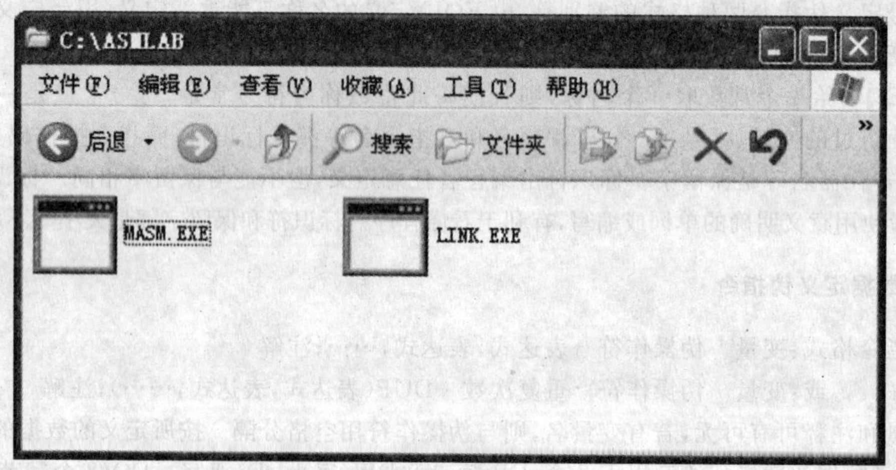

图 2.2 上机准备

设已在 D 盘创建了 ASMLAB 文件夹并复制了文件，则在图 1.10 的 CMD 窗口中键入 D: 及回车，使当前盘变为 D 盘，然后键入命令 CD ASMLAB 及回车，就进入 ASMLAB 文件夹，如图 2.3 所示。以后的编辑、汇编、连接和调试都在此文件夹中进行。

图 2.3 进入文件夹及编辑命令

在图 2.3 中键入 EDIT MC2_1. ASM 及回车，显示如图 2.4 所示，在此窗口中就可以编辑源程序了。EDIT 是一个系统内部的全屏幕编辑命令，用菜单命令可以很容易地进行各种编辑操作，这里不作详细介绍，请同学们通过自己动手掌握其操作方法。编辑过程中要注意经常存盘。

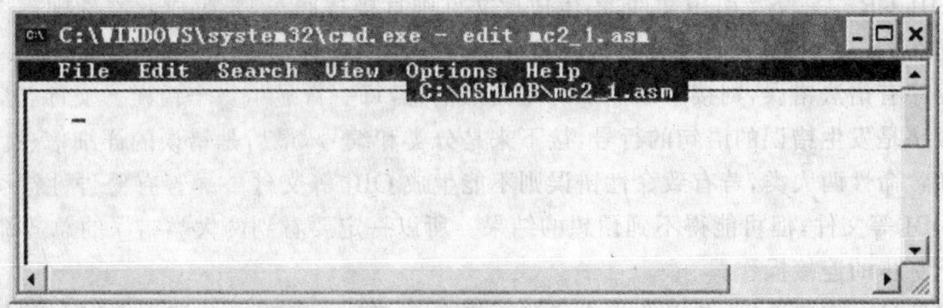

图 2.4 编辑源文件

“MC2_1”是源程序的文件名，文件名不能超过 8 个字母，不要用汉字；“ASM”是扩展名，汇编语言源程序文件必须用“ASM”作为扩展名，否则后续的汇编命令无法识别。实际上，只要是纯文本编辑工具都可以用来编辑源程序，如记事本等。但记事本的缺省扩展名是“TXT”，要修改扩展名后才能进行汇编操作。不能用书写器或 WORD 等工具来编辑汇编语言源程序，因为用这些工具编辑的文本中含有一些不可显示的特殊格式符，汇编时无法识别。

用 EDIT 命令编辑源程序还有一个好处就是，在 EDIT 窗口的右下角有行号和列号显示当前光标的位置，方便汇编错误的定位。图 2.4 中看不到行号和列号，是因为我们把 EDIT 窗口缩小了，实际操作中肯定能看到行号和列号。

2.4.2 汇编

汇编的功能是检查源程序中的语法错误，若无错误则生成扩展名为 OBJ 的目标文件，也可生成扩展名为 LST 的列表文件和扩展名为 CRF 的交叉引用文件。具体操作如下：在图 2.3 中键入 MASM MC2_1. ASM 及回车，扩展名可省略，再按三次回车，显示如图 2.5 所示。

```
C:\WINDOWS\system32\cmd.exe
C:\ASMLAB>masm mc2_1
Microsoft (R) Macro Assembler Version 5.00
Copyright (C) Microsoft Corp 1981-1985, 1987.  All rights reserved.

Object filename [mc2_1.OBJ]:
Source listing  [NUL.LST]:
Cross-reference [NUL.CRF]:
mc2_1.ASM(2): warning A4031: Operand types must match
mc2_1.ASM(3): error A2056: Immediate mode illegal
mc2_1.ASM(4): error A2056: Immediate mode illegal
mc2_1.ASM(5): error A2035: Operand must have size
mc2_1.ASM(6): error A2050: Value out of range
mc2_1.ASM(7): error A2009: Symbol not defined: IP
mc2_1.ASM(8): error A2059: Illegal use of CS register
mc2_1.ASM(9): error A2052: Improper operand type

  50762 + 415414 Bytes symbol space free

      1 Warning Errors
      7 Severe  Errors

C:\ASMLAB>
```

图 2.5 汇编操作及汇编结果

[mc2_1.OBJ]是要生成的目标文件的文件名和扩展名，若不想用此文件名存盘，可输入新的文件名，但扩展名不得更改，若接受此文件名，直接按回车。

[NUL.LST]是列表文件，NUL是空的意思，表示不生成此文件。若要生成列表文件，则输入一个文件名，再按回车；若不生成则直接按回车。

[NUL.CRF]是交叉引用文件，不生成此文件则直接按回车，要生成此文件则输入一个文件名再回车。

若程序有语法错误，则接下来显示的是错误信息，每一行显示一个错误。文件名后面圆括号内的数字是发生错误的语句的行号，接下来是分类和编号，最后是错误的详细信息。错误分警告性和致命性两大类，若有致命性错误则不能生成OBJ等文件。尽管有警告性错误也照样能生成OBJ等文件，但可能得不到预想的结果。所以一定要看到两大类错误的总数都是0，才能进行下一步的连接操作。

错误信息一定要看懂，并以此为线索改正指令。有时一条指令的错误会引起其他原本正确的指令也报错。所以修改错误可分步进行，能改正的先改，再汇编再改，不要强求一次就把所有错误改正，特别是程序较长，错误较多时。

2.4.3 连接

连接的功能是将一个或多个目标文件连接成一个扩展名为EXE可执行文件，也可以生成扩展名为MAP的存储映象文件，连接时还可以调用扩展名为LIB的库文件中的通用模块。以2.5实验内容(2)为例(要注意，这里的程序与实验内容中给出的程序不完全一致)，在汇编已无错误的前提下，在图2.3中键入LINK MC2_2.OBJ及回车，扩展名可省略，再按三次回车，显示如图2.6所示。

[mc2_2.EXE]是要生成的可执行文件的文件名和扩展名，若不想用此文件名存盘，可输入新的文件名，但扩展名不得更改，若接受此文件名，直接按回车。

[NUL.MAP]是存储映象文件，NUL是空的意思，表示不生成此文件。若要生成存储映象文件，则输入一个文件名，再按回车；若不生成则直接按回车。

[.LIB]指定要连接的库文件，若不需连接库文件，则直接回车。

若程序结构上有错误，连接后会显示连接错误信息，必须回第一步检查修改，然后重新汇编、连接。如图2.6显示“no stack segment”的警告性错误，这是因为我们在堆栈段定义中省略了STACK组合类型的说明，对EXE文件的生成没有影响，可进行下一步的调试操作。

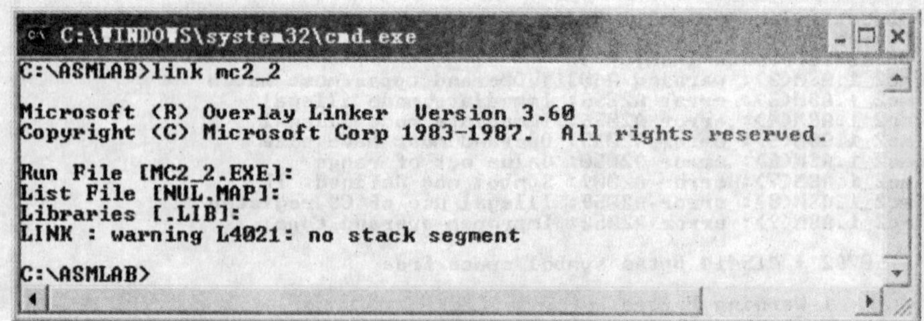

图2.6 连接操作及显示

2.4.4 调试(DEBUG 操作(二))

在图 2.6 中键入 DEBUG MC2_2.EXE 及回车，显示如图 2.7 所示，提示符变为“—”号，表明系统已把 MC2_2.EXE 装入内存并进入了调试状态。在此窗口中可进行修改寄存器值，修改内存单元内容，单步或断点运行程序等操作，以此来检查程序的正确性。

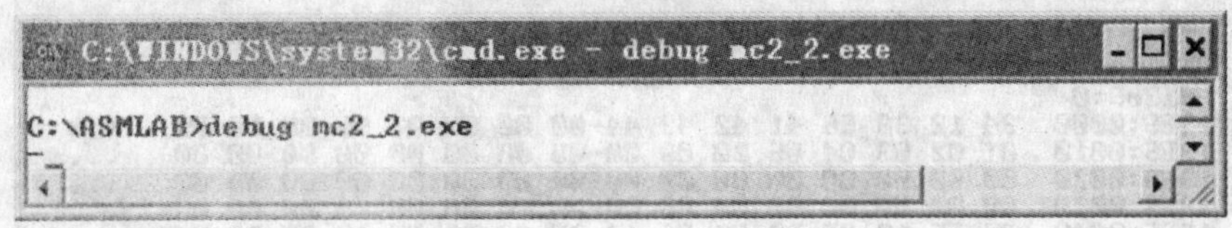

图 2.7 进入调试状态

1. 查看代码段及各段寄存器值

在图 2.7 中键入 U 回车，显示如图 2.8 所示。U 命令是反汇编命令，将内存中的机器码反汇编成指令显示。因为屏幕显示的行数有限，每次可能只显示程序的一部分，再键入 U 回车，则紧接上一次 U 命令往下显示程序。若要重新从起始地址开始显示程序，则键入 U0 回车，这里 0 是代码段的偏移地址。U 命令还可以从指定的首地址处开始，或指定地址范围显示程序，U 命令中一般只指定偏移地址，省略段地址，因为段地址就是代码段寄存器 CS 的值，具体命令格式见图 1.12 和表 1.8。以后若对其他命令有任何不清楚的地方，都可以查阅这两个图或表。

```
C:\WINDOWS\system32\cmd.exe - debug mc2_2.exe
C:\ASMLAB>debug mc2_2.exe
-u
13E9:0000 B8E513        MOV     AX,13E5
13E9:0003 8ED8          MOV     DS,AX
13E9:0005 B8E613        MOV     AX,13E6
13E9:0008 8EC0          MOV     ES,AX
13E9:000A B8E713        MOV     AX,13E7
13E9:000D 8ED0          MOV     SS,AX
13E9:000F BC2000        MOV     SP,0020
13E9:0012 A10100        MOV     AX,[0001]
13E9:0015 BD0000        MOV     BP,0000
13E9:0018 8B4600        MOV     AX,[BP+00]
13E9:001B 3E            DS:
13E9:001C 8B4600        MOV     AX,[BP+00]
13E9:001F 26            ES:
13E9:0020 8B4600        MOV     AX,[BP+00]
-
```

图 2.8 U 命令及程序显示

在图 2.8 中，U 命令每行显示一条指令。以第一行为例，“13E9:0000”是代码段的段地址和偏移地址，“B8E513”是指令的机器码，“MOV AX,13E5”是反汇编得到的指令助记符，可以看出这是一条 3 个字节的指令。对照源程序，第一条可执行的指令是“MOV AX,DATA”，所以系统分配给段名 DATA 的值是 13E5H，因为此值赋给 DS，所以数据段的段地址是 13E5H。同理，扩展段的段地址是 13E6H，堆栈段的段地址是 13E7H。知道了这些段地址，就可以查看每个段中的数据了。要注意，在不同电脑上调试相同的程序，得到的段地址有可能不同。

2. 查看数据段、扩展段和堆栈段中的数据

查看内存中数据的命令是 D，图 2.8 中键入 D13E5:0 回车，屏幕显示的是以 13E5H 为段地址,0 为偏移地址开始的内存共 128 个字节的数据,如图 2.9 所示,每行 16 个字节,分 8 行显示,每行的前 8 个字节和后 8 个字节间用减号"—"分隔。与 U 命令相似,再键入 D 回车,则紧接上一次 D 命令往下显示数据。若要显示数据的段地址与 DS 值相同,则 D 命令中可省略段地址,只指定偏移地址。D 命令还在屏幕的右半部将内存中的每个数据当成 ASCII 显示,若无法显示则用小数点代替。

```
C:\WINDOWS\system32\cmd.exe - debug mc2_2.exe
-d13e5:0
13E5:0000  34 12 38 56 41 42 43 44-00 00 00 00 00 00 00 00   4.8
13E5:0010  01 02 03 04 05 20 00 00-00 00 00 00 00 00 00 00   ...
13E5:0020  00 00 00 00 00 00 00 00-00 00 00 00 00 00 00 00   ...
13E5:0030  00 00 00 00 00 00 00 00-00 00 00 00 00 00 00 00   ...
13E5:0040  B8 E5 13 8E D8 B8 E6 13-8E C0 B8 E7 13 8E D0 BC   ...
13E5:0050  20 00 A1 01 00 BD 00 00-8B 46 00 3E 8B 46 00 26   ..
13E5:0060  8B 46 00 BB 00 00 8B 47-03 26 8B 47 03 50 5B B4   .F.
13E5:0070  4C CD 21 00 00 00 00 00-00 00 00 00 00 00 00 00   L.!
-
```

图 2.9　D 命令及数据显示

从图 2.9 可以看出,第一行的首地址是"13E5H:0000H",这 16 个字节是程序中数据段的内容;第二行的首地址是"13E5H:0010H",这 16 个字节实际上就是扩展段的内容,因为逻辑地址"13E5H:0010H"和"13E6H:0000H"对应的是同一个物理地址。同理,第三、第四行是堆栈段的内容,从第五行开始就是代码段了。

3. 单步运行程序,查看运行结果

为了仔细查看每条指令执行后的结果,可以用单步运行命令 T。键入 T=0 回车,则系统执行了第一条指令"MOV AX,13E5H",屏幕显示执行此指令后的结果,如图 2.10 所示。前两行显示寄存器的值,可以发现除 AX 和 IP 有变化外,其他寄存器都不变。第三行显示的是下一条指令助记符和机器码及其所在地址,同时 IP 变为 0003H 指向这条指令,这时再键入 T 回车就可执行这条指令。T 命令若省略地址参数,则执行当前 CS:IP 所指的指令。如此操作下去,就可以单步地执行程序,检查每条指令的执行结果。

图 2.10　T 命令及执行结果显示

当单步执行了"MOV SS,AX"指令后,你会发现系统跳过"MOV SP,0020"指令,直接到了"MOV AX,[0001]"指令。实际上"MOV SP,0020"指令并没有被跳过了,还是被执行了。由于硬件功能的缘由,若在堆栈段寄存器 SS 赋值之后,堆栈指针 SP 赋值之前程序被打断,则系统有可能崩溃。所以 8086 规定当执行到堆栈段寄存器 SS 的赋值指令时,要再执行下一条指令才能被中断。编程时应将 SP 的赋值指令紧跟 SS 的赋值指令,中间不能插其他指令。

2.5 指令错误分析及寻址方式实验

2.5.1 实验目的

(1)掌握 8086 指令系统中各种寻址方式的原理与用法；

(2)掌握 8086 的数据传送指令；

(3)掌握 8086 汇编语言程序设计的上机过程；

(4)掌握 8086 汇编语言源程序结构及常用伪指令的用法；

(5)掌握 DEBUG 中 U 命令、D 命令和 T 命令的操作。

2.5.2 实验准备

(1)按照 8086 寻址方式和指令系统的使用规则，分析并写下表 2.3 中每条指令的错误原因。注意这些错误都是初学者常犯的，以后编程过程中应避免重复犯同一个错误。

(2)仔细阅读表 2.4 的程序，按照程序各个段在存储器中的分配规则，分析表 2.4 程序装入存储器后各个段中的数据安排情况，填入表 2.5 中。按照各种寻址方式的原理及指令的功能，分析表 2.4 程序中一些指令的执行结果，填入指令后注释的空格中。

2.5.3 必做实验

(1)对表 2.3 的程序段进行汇编，记录并读懂每条指令的错误信息，与原来的错误判断进行比较分析，从而理解 8086 指令系统的规则。

由于 CMD 窗口能显示的行数有限，表 2.3 汇编时产生的错误信息一屏显示不完。具体操作时，可在一部分指令前加分号，使之变为注释，这样先看另一部分指令的错误信息；再倒过来同样处理，就可以看到全部指令的错误信息。还有一种办法是让 MASM 命令分屏显示输出结果，设此源程序的文件名是 MC2_1. ASM，则键入命令“MASM MC2_1;|MORE”，屏幕显示一屏后，按空格键就可以显示下一屏。

为了方便错误信息与指令格式对照观察，操作过程中可同时打开两个 CMD 窗口，在一个窗口中编辑显示源程序，在另一个窗口中汇编，显示错误信息。在编辑命令窗口中若程序有修改，要注意必须存盘，然后在汇编命令窗口中重新汇编，就可马上看到程序修正后的汇编结果。

表 2.3 指令格式错误

```
CODE  SEGMENT
  MOV  BX,AL
  MOV  100,CL
  MOV  SS,2400H
  MOV  [BX],20H
  MOV  AL,2000H
  MOV  AX,IP
  MOV  CS,AX
  MOV  [BX],[SI]
```

```
    MOV   AX,[BX+BP]
    MOV   AX,[SI+DI]
    MOV   AX,[BX-SI]
    MOV   AX,[DX]
    XCHG  BX,20H
    IN    AX,2100H
    LEA   AL,[BX+SI]
    LDS   AX,BX
    PUSH  IP
    PUSH  20H
    POP   CS
    POP   AL
    ADD   AX,DS
    INC   [BX]
    MUL   20H
    SHL   AX,4
CODE  ENDS
END
```

(2)编辑表 2.4 的源程序,然后汇编、连接,若发现有错误要修改源程序直至错误全部排除;最后进入 DEBUG 调试此程序。

用 U 命令显示代码段在存储器中的情况,并记录各个段寄存器值到表 2.6 中。再用 D 命令分别查看数据段、扩展段和堆栈段的数据分配情况,填入表 2.6 中,并与表 2.5 按原理分析的数据比较。若有差别,必须检查问题所在。

用 T 命令单步运行程序,每条指令执行后注意观察结果,将指令执行结果填入指令后的注解的空格中,并与原来的分析结果进行比较,若有不同,要仔细检查,直至正确为止。

表 2.4 寻址方式验证

```
DATA  SEGMENT
    A1  DW  1234H
    A2  DB  -1,0ABH
        DW  -5
    A3  DB  56,56H,"56","A  a$"
DATA  ENDS
EXTRA  SEGMENT
    B1  DB  "A","B"
        DW  "AB"
    B3  EQU  THIS  BYTE
    B2  DW  A2
        DD  A3
        DB  (A3-A2)/2
        DB  $-B2
        DB  LENGTH  BTM
EXTRA  ENDS
STACK  SEGMENT
```

```
  BTM  DW  16  DUP(?),1,2,3,4
STACK  ENDS
CODE  SEGMENT
ASSUME  CS:CODE,DS:DATA,ES:EXTRA,SS:STACK
START:
  MOV  AX,DATA
  MOV  DS,AX
  MOV  AX,EXTRA
  MOV  ES,AX
  MOV  AX,STACK
  MOV  SS,AX
  MOV  SP,SIZE  BTM
  MOV  AX,A1+3              ;分析:AH=______,AL=______,验证:AH=______,AL=______
  MOV  AX,B2                ;分析:AH=______,AL=______,验证:AH=______,AL=______
  MOV  BP,OFFSET  A1
  MOV  AX,[BP]              ;分析:AH=______,AL=______,验证:AH=______,AL=______
  MOV  AX,DS:[BP]           ;分析:AH=______,AL=______,验证:AH=______,AL=______
  MOV  AX,ES:[BP]           ;分析:AH=______,AL=______,验证:AH=______,AL=______
  MOV  BX,OFFSET  A1
  MOV  AX,[BX+3]            ;分析:AH=______,AL=______,验证:AH=______,AL=______
  MOV  AX,ES:[BX+3]         ;分析:AH=______,AL=______,验证:AH=______,AL=______
  PUSH  AX          ;分析:SP=______,SS:[SP]=______,验证:SP=______,SS:[SP]=______
  PUSH  BX          ;分析:SP=______,SS:[SP]=______,验证:SP=______,SS:[SP]=______
  POP  AX                   ;分析:SP=______,AX=______,验证:SP=______,AX=______
  POP  BX                   ;分析:SP=______,BX=______,验证:SP=______,BX=______
  MOV  BX,OFFSET  B2
  MOV  AL,6
  XLAT                      ;分析:AL=______,验证:AL=______
  MOV  AL,6
  XLAT  B3                  ;分析:AL=______,验证:AL=______
  MOV  AH,4CH
  INT  21H
CODE  ENDS
END  START
```

表 2.5 存储器中数据分配(预习)

段 \ 地址	内存中各地址内容															
	0	1	2	3	4	5	6	7	8	9	A	B	C	D	E	F
数据段																
扩展段																
堆栈段																

表 2.6 存储器中数据分配(验证)

段地址	DS					ES					SS				
段＼地址	内存中各地址内容														
	0	1	2	3	4	5	6	7	8	9	A	B	C	D	E	F
数据段																
扩展段																
堆栈段																

2.5.4 选做实验

(1)针对必做实验内容(2),在汇编过程生成 LST 和 CRF 文件,在连接过程中生成 MAP 文件,用 EDIT 命令分别打开这三个文件,观察文件内容,理解汇编语言程序的汇编和连接的原理。

(2)参考实验内容(2),自行设计实验,对地址传送指令 LEA、LDS 和 LES 进行验证。注意理解这些地址传送指令的操作数要求和用法。

(3)自行设计实验,验证 MOV 指令对标志位无影响,验证 SAHF 和 POPF 指令对标志位有影响。

(4)自行设计实验,验证各种操作符的功能。

2.5.5 思考题

(1)这个思考题不是要求同学们马上给出答案,而是要贯穿在以后的每个实验过程中。本实验的内容(1)无法列出所有可能的错误,以后在自己的编程和实验过程中若出现新的错误,不管是严重性错误,还是警告性错误,都必须读懂错误信息并更正。

(2)在以后的学习过程中,若碰到有指令的格式不清楚,或者指令的功能不确定的问题,都可以采用本实验同样的方法,自己动手解决问题。验证实验也是一种学习方法。

习题

2.1 分析下列各条 MOV 和 XCHG 指令的操作数和寻址方式:

指令	第一操作数		第二操作数	
	目的操作数	寻址方式	源操作数	寻址方式
MOV DS,BX				
MOV CX,CS				
MOV [BUF],500				
MOV [BX+SI],BL				
XCHG BX,CX				
XCHG DX,[BP+50]				
XCHG [BP+DI+50],BP				
XCHG SP,[BP]				

2.2 分析下列各条指令的操作数和寻址方式：

指令	第一操作数		第二操作数	
	目的操作数	寻址方式	源操作数	寻址方式
XLAT				
PUSH CS				
PUSH [BUF]				
POP [BX]				
POP BX				
LAHF				
SAHF				
PUSHF				
POPF				

2.3 设 DS＝0123H，ES＝4567H，SS＝89ABH，CS＝CDEFH；BX＝20H，BP＝30H，SI＝40H，DI＝50H。

试计算下列各个存储器操作数的物理地址：

(1)[BX＋SI＋60H]　(2)CS:[BX＋SI＋60H]　(3)SS:[BX＋SI＋60H]

(4)[BP＋DI＋60H]　(5)ES:[BP＋DI＋60H]　(6)DS:[BP＋DI＋60H]

2.4 根据第一章图 1.2 分析 IN AX,DX 和 OUT DX,AX 指令的执行过程。

2.5 汇编语言程序中有哪三种不同类型的语句？表 2.2 程序中(省略号除外的)每一条语句分别属于哪一种语句？

2.6 写出下列程序所定义的数据段在存储器中存放的数据。

```
data   segment
  xx   equ   3
  db   xx   dup(?,?,1,xx-1
  yy=5
  db   yy   dup(yy)
  yy=yy-1
  db   yy   dup(xx,yy)
data   ends
```

第三章 算术运算程序

汇编语言源程序的基本结构与高级语言类似，有顺序结构、分支结构、循环结构和子程序结构共四种，利用这些基本结构就可组合出任何复杂结构的程序。实现这些基本结构要用程序流程控制类指令，本章先介绍无条件跳转指令和条件跳转转指令。

按程序的功能分类，汇编语言程序可分为算术运算程序、代码转换程序、系统调用程序、表处理程序和子程序及参数传递等几种。各种功能的程序均包含了分支、循环等基本结构，但编程的原理和方法有所不同，本书按功能分类分章节介绍汇编语言程序的编程原理、方法及调试。

汇编语言程序的编程方法与高级语言的编程方法大致相同，不同之处是要合理分配寄存器和存储单元，这是汇编语言编程的重点和难点所在。本书有丰富的实例，其中蕴涵着大量的编程技巧。同学们在阅读这些程序时要多下工夫，仔细理解，逐步掌握汇编语言的编程方法和技巧。

必须特别强调的是：程序的测试调试是编程工作的最后一个步骤，也是最关键的一个步骤。程序汇编连接完成后，必须进行充分的调试，根据要完成的功能，取各种可能出现和不可能出现的数据进行验证，只有所有测试结果都正确了，才能宣告程序编写真正完成。

3.1 跳转指令

按地址顺序逐条执行指令的程序结构称为顺序程序，第二章表 2.4 的程序就是顺序程序。在程序的某一位置不按地址顺序执行下一条指令，而跳转到另一个地址中执行指令的程序结构称为分支程序。程序中一部分指令重复执行多次的结构称为循环程序。

在汇编语言程序设计中，用跳转指令实现分支程序和循环程序。跳转指令分无条件跳转指令、条件跳转指令和循环控制指令三种，跳转指令均不影响标志位，它们的基本功能是修改指令指针 IP(和代码段寄存器 CS)的值。

3.1.1 无条件跳转指令

按照指定目的地址方式的不同，无条件跳转指令分直接跳转和间接跳转两种，按照目的地址的远近，无条件跳转指令分段内跳转和段间跳转两种。“无条件”的含义就是执行到此跳转指令时，不管 6 个条件标志位的情况如何，都要跳到目的地址。各种无条件跳转指令的操作码助记符都是 JMP。

1. 段内直接跳转指令

指令格式：JMP　SHORT　short_label ；IP←IP＋D8

　　　或：JMP　near_label　　　　　；IP←IP＋D16

段内无条件直接跳转指令相当于高级语言中的 goto 语句，指令助记符中用标号指定同一段中的目的地址，程序执行到此跳转指令后就跳到目的标号所指的地址取指令执行。

汇编程序将目的标号换算成一个 8 位或 16 位的位移量，列在此指令的操作码之后。这个位移量是目的标号的偏移地址与当前跳转指令的下一条指令的偏移地址的差。所以段内无条件直接跳转指令的功能是将当前的 IP 值与位移量相加后赋给指令指针 IP，段寄存器 CS 不变。

第一种格式的指令也称为段内短跳转，SHORT 是短标号操作符，说明位移量 D8 是一个 8 位的带符号数，因为此指令是 2 字节的，所以目的地址与当前 JMP 指令的地址差的范围是 −126～129。第二种格式的位移量 D16 是 16 位的带符号数，实际上能跳转的地址范围是一个段的整个 64K 空间。汇编时，汇编程序会根据位移量的大小自动将段内直接跳转指令翻译成第一种或第二种格式的机器码，所以程序中 SHORT 操作符都可省略。

2. 段间直接跳转指令

指令格式：JMP far_label ;IP←标号的偏移地址，CS←标号的段地址

JMP 指令中，若指定的目的标号在另一个段中，就成为段间直接跳转指令。汇编后的机器码中包含了目的标号的偏移地址和段地址，执行此指令时，用机器码的后 4 个字节直接更新 IP 和 CS，从而实现跳转。

下面用表 3.1 的一个小程序段来说明以上 3 条无条件直接跳转指令的用法及机器码格式，用同样的方法可以对任何指令的机器码进行分析。

表 3.1 无条件直接跳转指令的使用

```
CODE   SEGMENT
ASSUME   CS:CODE
START:
   JMP   START                          ;①
   JMP   EXIT                           ;②
   JMP   EXIT1                          ;③
   JMP   SHORT   EXIT                   ;④
   JMP   NEAR   PTR   EXIT              ;⑤
   JMP   FAR   PTR   EXIT               ;⑥
   JMP   FAR   PTR   EXIT2              ;⑦
EXIT:
   MOV   AH,4CH
   INT   21H
```

```
   ORG   200H
EXIT1:
   MOV   AH,4CH
   INT   21H
CODE   ENDS
CODE1   SEGMENT
ASSUME   CS:CODE1
EXIT2:
   MOV   AH,4CH
   INT   21H
CODE1   ENDS
END   START
```

程序中前 3 条 JMP 指令没有指定标号的类型，汇编程序默认为段内的标号，并根据标号的距离大小自动处理成 SHORT 或 NEAR 的类型。后 4 条 JMP 指令指定了标号的相应类型，汇编程序按此类型翻译成相应的机器码。为了看到段内直接跳转与段内短跳转的不同，EXIT1 标号前加了“ORG 200H”伪指令，这是指定段内偏移地址的伪指令，即接下来的指令从偏移地址 200H 开始存放。为了看到段间直接跳转指令与段内直接跳转指令的不同，此程序定义了两个代码段，CODE 和 CODE1，并将 EXIT2 标号放在 CODE1 段中。

对表 3.1 程序汇编、连接后，在 DEBUG 中用 U 命令看到的前半部分指令和机器码如图

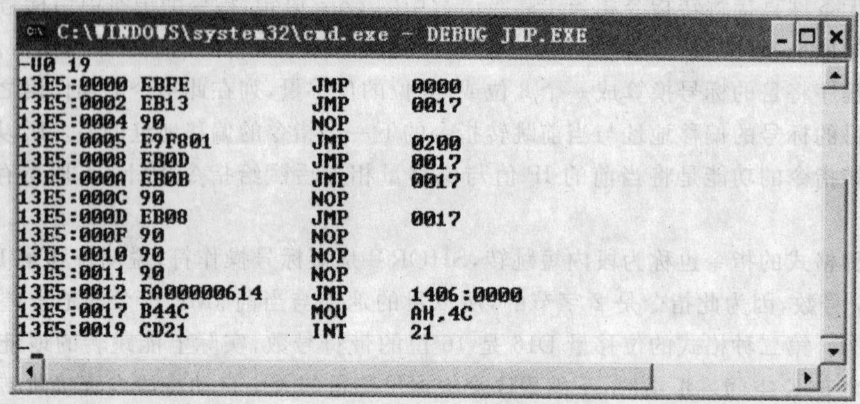

图 3.1 无条件直接跳转指令的机器码

3.1 所示，偏移地址 200H 后的部分和 CODE1 段没有列出。从图中可以看出，段内短跳转、段内直接跳转和段间直接跳转指令的机器码的操作码部分都是一个字节，分别是 EBH、E9H 和 EAH，操作数部分分别是 1 字节、2 字节、4 字节。第一、第四条 JMP 指令被翻译成段内短跳转；第二、第三、第五条 JMP 指令被翻译成段内直接跳转，其中第二、第五条 JMP 指令因为跳转的距离较短，又被自动改为段内短跳转，所以插入一条空操作(NOP)指令(机器码为 90H)；第六、第七条 JMP 指令被翻译成段间直接跳转，其中第六条 JMP 指令因为是段内的跳转且距离短，又被自动改为段内短跳转，所以插入 3 条空操作指令。

3. 段内间接跳转指令

指令格式：JMP reg16 ;IP←reg16

或：JMP mem16 ;IP←mem16

此指令的操作数必须是一个 16 位的通用寄存器或 16 位的存储单元，功能是将此 16 位操作数赋给 IP 而实现跳转。当程序跳转的目的地址不是固定的，而是动态地变化的，因而不能用直接跳转指令进行跳转时，只能用间接跳转指令进行跳转。方法是：将通过计算或其他方法得到的目的地址赋给一个 16 位通用寄存器，然后用 JMP reg16 指令实现跳转；也可以将多个目的地址列成一张表格，然后用 JMP mem16 指令查此表实现跳转。

例如，设 BX=1234H，DS=1000H，(11234H)=5678H，

若执行 JMP BX，则 IP=1234H，即程序跳到同一段中偏移地址 1234H 处继续执行；

若执行 JMP [BX]，则 IP=5678H，即程序跳到同一段中偏移地址 5678H 处继续执行。

4. 段间间接跳转指令

指令格式：JMP mem32；IP←[mem32]，CS←[mem32+2]

因为段间间接跳转指令对 IP 和 CS 都要修改，所以只能用 32 位的存储器操作数。段间间接跳转指令的原理和用法与段内间接跳转指令相同。

例如，设 BX=1234H，DS=1000H，(11234H)=5678H，(11236H)=9ABCH，

若执行 JMP [BX]，则 IP=5678H，CS=9ABCH，即程序跳到段地址为 9ABCH，偏移地址为 5678H 的地址处继续执行。

3.1.2 条件跳转指令

指令的一般格式是:Jccc short_label;若条件成立,则 IP←IP+D8;否则,顺序执行。

条件跳转指令的功能是根据条件标志位为 0 或为 1 判断程序是否跳转,若条件满足则跳转到目的标号,条件不满足时顺序执行下一条指令。这相当于高级语言中的一组"IF THEN ELSE"语句的功能,但在条件的判断上有所不同。高级语言的"IF THEN ELSE"结构的功能是条件满足则顺序执行 THEN 后的语句,条件不满足则跳到 ELSE 后的语句。

高级语言还有一种"DO CASE"的多重分支结构,在汇编语言编程中,要用多条条件跳转指令的组合才能构成这种结构。

条件跳转指令的原理如图 3.2 所示,其中 a 图是条件跳转指令功能的逻辑结构,b 图是实际编程时的程序结构,在"功能 N"后必须加一条无条件跳转指令跳到"功能 Y"之后。

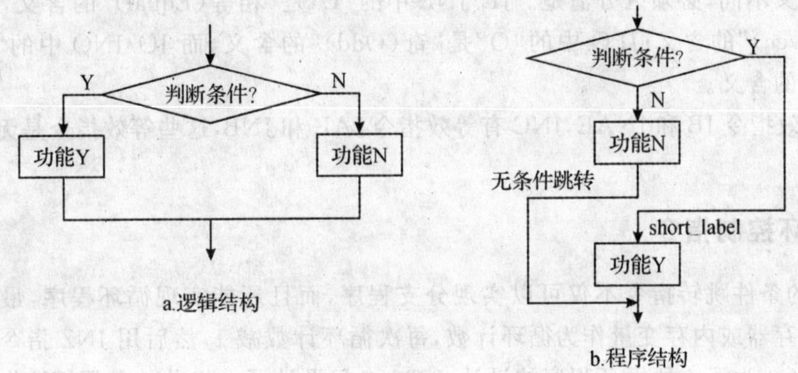

图 3.2 条件跳转指令原理

指令格式中"ccc"是 1~3 个字母,指明判断的条件,目的地址是段内的短标号,即条件跳转指令能跳转的目的地址范围与无条件段内短跳转指令的范围是一样。实际上若目的地址超过了合法的范围,汇编程序会报错,这时对图 3.2 的 b 流程稍加修改就可以解决问题。

8086CPU 共有 6 个条件标志位,除 AF 标志外,其余五个标志位都有相应的条件跳转指令,每个标志位都有标志位为 0 跳转和标志位为 1 跳转两种功能的条件跳转指令。因为 AF 只用于 BCD 码计算,而 BCD 的运算调整有专门的指令,所以 8086 没有设计 AF 的条件跳转指令。

根据单个标志位判断跳转的条件转移指令如表 3.2 所示,8086 的条件跳转指令还有一类是综合了 2 至 3 个标志位进行判断的无符号数或带符号数比较跳转指令,此类指令在第六章中讨论。

表 3.2 单标志位条件跳转指令

标志位	指令	指令格式	指令功能	等效指令
CF	有进位跳转	JC short_label	CF=1 则跳转,否则顺序执行	JB/JNAE
	无进位跳转	JNC short_label	CF=0 则跳转,否则顺序执行	JAE/JNB
ZF	为零跳转	JZ short_label	ZF=1 则跳转,否则顺序执行	JE short_label
	不为零跳转	JNZ short_label	ZF=0 则跳转,否则顺序执行	JNE short_label

续表

标志位	指令	指令格式	指令功能	等效指令
SF	为负跳转	JS short_label	SF=1 则跳转,否则顺序执行	
	为正跳转	JNS short_label	SF=0 则跳转,否则顺序执行	
OF	溢出跳转	JO short_label	OF=1 则跳转,否则顺序执行	
	无溢出跳转	JNO short_label	OF=0 则跳转,否则顺序执行	
PF	奇偶为 1 跳转	JP short_label	PF=1 则跳转,否则顺序执行	JPE short_label
	奇偶为 0 跳转	JNP short_label	PF=0 则跳转,否则顺序执行	JPO short_label

条件跳转指令中用来表示条件的几个字母的含义要记清,不能混淆,特别是有的指令中字母相同,但含义不同,必须区分清楚。JE/JNE 中的"E"是"相等(Equal)"的含义,而 JPE 中的"E"是"偶(Even)"的含义;JPO 中的"O"是"奇(Odd)"的含义,而 JO/JNO 中的"O"是"溢出(Overflow)"的含义。

JC 有等效指令 JB 和 JNAE,JNC 有等效指令 JAE 和 JNB,这些等效指令是无符号数的条件跳转指令。

3.1.3 循环控制指令

用以上的条件跳转指令不仅可以实现分支程序,而且还能实现循环程序,最简单的办法是:用一个寄存器或内存变量作为循环计数,每次循环计数减 1,然后用 JNZ 指令控制计数不为 0 继续循环。为了方便循环程序的设计,8086 专门设计了一组共 4 条用 CX 作为循环计数的循环控制指令,也正是由于这个原因,我们把 CX 称为计数寄存器。循环控制指令一般都要先对循环计数 CX 自动减 1,然后再判断 CX 是否为 0。

1. CX 不为 0 循环指令

指令格式:LOOP short_label;CX←CX−1,若 CX≠0,则跳转,否则顺序执行

此指令可用来实现固定循环次数的循环程序,在循环开始前将循环次数赋给 CX,LOOP 指令写在循环的结束处,目的标号在循环的开始处,原理如图 3.3a 所示。因为 LOOP 指令是先对 CX 减 1,再判断 CX 是否为 0,所以若 CX 初值置为 0,则循环体会被执行 65536 次。

2. CX 不为 0 且相等循环指令

指令格式:LOOPE short_label;CX←CX−1,若 CX≠0 且 ZF=1,则跳转,
否则顺序执行

或:LOOPZ short_label

此指令可用来实现固定循环次数的循环程序,同时若在循环中有其他指令使 ZF=0,则可提前结束循环,使用方法与 LOOP 指令相同,原理如图 3.3b 所示。

3. CX 不为 0 且不等循环指令

指令格式:LOOPNE short_label;CX←CX−1,若 CX≠0 且 ZF=0,则跳转,
否则顺序执行

或:LOOPNZ short_label

此指令提前结束循环的条件是 ZF=1,这与 LOOPE/LOOPZ 不同,其他方面与 LOOPE/LOOPZ 指令完全相同。

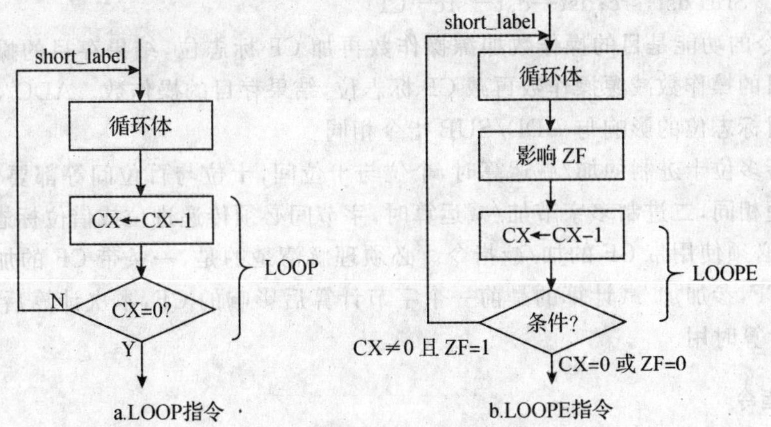

图 3.3 循环指令原理

4. CX 为 0 跳转指令

指令格式:JCXZ short_label;若 CX=0,则跳转,否则顺序执行

从严格意义上讲,此指令不是循环指令,因为它没有循环计数 CX 自动减 1 的功能。但它也有判断 CX 是否为 0 而跳转的功能,所以把它们归为同一类指令。JCXZ 指令的功能是 CX=0 时跳转,所以它一般在循环体中需要跳出循环时使用。

循环程序除了用计数来控制外,还可以用其他条件控制,以后会有这方面的应用例子。不管是用计数还是用条件控制循环程序,编程时必须特别注意循环结束条件的设置,不能出现死循环。编写双重循环程序时,必须注意应该是外循环嵌套内循环,不能内、外循环交叉,而且内外循环的结束条件必须是完全无关的。若内外循环都用计数控制,则使用的计数寄存器不能相同,例如,内循环用了 LOOP 指令,则外循环就不能再用 LOOP 指令。

3.2 算术运算指令

算术运算是指令系统的基本必备功能,8086 的算术运算指令能进行二进制数和 BCD 码的加、减、乘、除运算。

3.2.1 二进制运算指令

1. 不带 CF 的加/减指令

指令格式:ADD dst,src;dst←dst+src

SUB dst,src;dst←dst−src

这两条指令的功能是目的操作数加或减源操作数,结果存目的操作数。可以使用的操作数组合是 MOV 指令中的①②③三种,也就是说段寄存器不能用。对 6 个条件标志位均有影响,原理如第一章所述。

2. 带 CF 的加/减指令

指令格式:ADC dst,src;dst←dst+src+CF

SBB dst,src;dst←dst−src−CF

ADC 指令的功能是目的操作数加源操作数再加 CF 标志位,结果存目的操作数;SBB 指令的功能是目的操作数减源操作数再减 CF 标志位,结果存目的操作数。ADC/SBB 指令的操作数组合和对标志位的影响与 ADD/SUB 指令相同。

人工进行多位十进制的加/减运算时,个位与十位间,十位与百位间等都要传递进位或借位。与此原理相同,二进制多字节加/减运算时,字节间必须传递进位或借位标志,这时从第二个字节开始,必须使用带 CF 的加/减指令。必须理解清楚的是,一条带 CF 的加/减指令实际上涉及两个 CF,参加加/减计算的是前一个字节计算后影响的 CF,本次计算后影响的 CF 留给下一字节计算时用。

3. 比较指令

指令格式:CMP dst,src;dst−src

CMP 指令仅进行减计算,不回送结果,所以目的操作数不变,但根据减计算的结果影响 6 个条件标志位,可用的操作数组合也与 SUB 等指令相同。

若要判断两数是否相等及两数大小关系,可以用比较指令将两数相减,然后根据标志位进行判断。下面分几种情况进行分析。

因为,不管是带符号数还是无符号数,两数若相等,则相减结果为 0,而 ZF 标志位反映了计算结果是否为 0。所以,不管是带符号数还是无符号数,判断两数是否相等都是用 ZF 标志位,判断方法如下:

若 ZF=1,则两数相等;若 ZF=0,则两数不相等。

两数相减时,CF 是借位标志,反映了无符号数够减或不够减的情况。所以,无符号数判断大小要用 CF 标志位,判断方法如下:

若 CF=0,则被减数比减数大或相等;若 CF=1,则被减数比减数小。

从数学意义上看,带符号数相减时,可根据结果的正负判断两数的大小。但从 1.4 节的分析中我们知道,若有溢出,则带符号数的计算结果是错误的,即计算结果的正负与正确结果的正负相反。所以,带符号数判断大小要综合使用 SF 和 OF 标志位。判断方法如下:

若 OF=0,且 SF=0,则被减数大于等于减数;

且 SF=1,则被减数小于减数;

若 OF=1,且 SF=1,则被减数大于减数;

且 SF=0,则被减数小于减数。

归纳以上两情况可知:

若 SF 和 OF 相同,则被减数大于等于减数;若 SF 和 OF 不同,则被减数小于减数。

不管是无符号,还是带符号数,都可以用以上五条指令进行二进制的加/减运算。实际上,在 1.4 节中我们已经知道,带符号数用补码表示后,加、减运算规则与无符号数规则完全相同,所以无符号数和带符号数可以用相同的指令进行加或减的运算。

4. 加 1/减 1 指令

指令格式:INC dst;dst←dst+1

DEC dst;dst←dst−1

这两指令是单操作数指令,能使用的操作数是 reg 和 mem,8 位或 16 位均可以,功能是将目的操作数加 1 或减 1 后结果回送目的操作数。加 1/减 1 指令与一般加/减指令的不同之处在于对 CF 标志位无影响,正因为这个特点,INC 和 DEC 指令主要用于循环程序中对地址指针修改和对循环次数进行计数。

5. 求补指令

指令格式:NEG dst;dst←0−dst

求补指令也是单操作数指令,能使用的操作数也是 reg 和 mem,8 位或 16 位均可以,功能是用 0 减去目的操作数,结果回送目的操作数,所以这时 CF 是错位标志。NEG 指令可用来求带符号负数的绝对值,当然也可以对带符号正数操作,得绝对值相等的负数。在 1.2.5 小节中讲到,求补操作就是取反加 1,与 NEG 指令的功能是等效的。

6. 乘法指令

在 1.4.4 小节中,我们知道了带符号数和无符号数的加减运算规则是一样,所以,以上的二进制数加/减指令既适用于无符号数,也适用于带符号数的运算。但对乘法和除法而言,无符号数的运算规则与带符号数的运算规则是无法统一的,所以乘法指令和除法指令分为带符号数和无符号数两种情况。两个无符号数相乘的结果是无符号数,两个带符号数相乘的结果是带符号数,除法运算也是一样的。

指令格式:MUL src;AX←AL×8 位 src,或,DX、AX←AX×16 位 src

IMUL src;AX←AL×8 位 src,或,DX、AX←AX×16 位 src

MUL 指令是无符号数乘法指令,IMUL 指令是带符号数乘法指令,乘法指令能做 8 位乘 8 位积 16 位及 16 位乘 16 位积 32 位两种乘法运算。乘法指令只指定一个源操作数作为乘数,可以是 8 位或 16 位的 reg 或 mem,另一个乘数隐含为 AL 或 AX。若源操作数是 8 位,则它与 AL 相乘,积存在 AX 中;若源操作数是 16 位,则它与 AX 相乘,积存在 DX(高 16 位)和 AX(低 16 位)中。

乘法指令对 OF 和 CF 标志位有影响,其他标志位不确定。对 MUL 指令而言,若 8 位乘 8 位的积的高 8 位 AH=0,或 16 位乘 16 位的积的高 16 位 DX=0,则 OF=CF=0,否则 OF=CF=1。对 IMUL 指令而言,若 8 位乘 8 位的积的高 8 位 AH 是低 8 位 AL 的符号扩展,或 16 位乘 16 位的积的高 16 位 DX 是低 16 位 AX 的符号扩展,则 OF=CF=0,否则 OF=CF=1。

7. 除法指令

指令格式:DIV src ;AX÷8 位 src,AL←商,AH←余数

;DX、AX÷16 位 src,AX←商,DX←余数

IDIV src;AX÷8 位 src,AL←商,AH←余数

;DX、AX÷16 位 src,AX←商,DX←余数

DIV 指令是无符号数除法指令,IDIV 指令是带符号数除法指令,除法指令能做 16 位除以

8位，商8位，余数8位；及32位除以16位，商16位，余数16位两种除法运算。除法指令只指定一个源操作数作为除数，可以是8位或16位的reg或mem，被除数隐含为AX或DX(高16位)和AX(低16位)。若源操作数是8位，则被除数为AX，商存AL中，余数AH中；若源操作数是16位，则被除数为DX、AX，商存AX中，余数存DX中。

除法指令对标志位的影响是，6个条件标志都是不确定的。对带符号数除法而言，余数的符号与被除数的符号相同。例如，－50除以＋3，得商－16，余数－2；也可以得商－17，余数＋1，两种结果在数学上都是合理的，8086的带符号除法指令IDIV取的是第一种结果。

若被除数太大或除数太小，使商太大，超过8位或16位，则除法运算出错。硬件上会产生类型码为0的中断，系统会提示除法溢出的错误。所以，使用除法指令前，必须保证被除数的高8位或高16位比除数小，且除数不能为0。

8. 符号扩展指令

指令格式：CBW；若AL最高位为1，则AH←0FFH，否则AH←0

　　　　　CWD；若AX最高位为1，则DX←0FFFFH，否则DX←0

一条除法指令只能做16位除8位，或32位除16位的运算，若要进行的8位除8位，或16位除16位运算，则必须先把被除数从8位扩展为16位，或16位扩展为32位。对无符号数除法而言，这种扩展就是将高8位或高16位补0。对带符号数除法而言，必须用符号扩展指令将符号位扩展到高8位或高16位。CBW是字节扩展为字，CWD是字扩展为双字，符号扩展指令对6个条件标志位均不影响，符号扩展指令是为配合带符号数除法指令而设计的。

例如，真值127用8位带符号数表示是7FH，用16位表示是007FH，00H是符号扩展；而－128用8位带符号数表示是80H，用16位表示则是FF80H，0FFH是符号扩展。

9. 二进制运算指令的使用

从数学原理上看，一个无符号数与一个带符号数相加或相减是没有意义的，但一个无符号数与一个带符号数相乘或相除是有意义的，运算结果是带符号数。根据这些数学原理，我们必须注意运算指令的使用，不能犯概念性的错误。

加法指令和减法指令不分无符号数还是无符号数，但参加加或减运算的两个数必须都是无符号数或都是带符号数，不能一个是无符号数，另一个是带符号数。乘法指令和除法指令区分无符号数或带符号数，参加乘或除运算的两个数一般都是无符号数或都是带符号数，无符号乘或除要用无符号数的乘或除指令，带符号数乘或除要用带符号数的乘或除指令。

一个无符号数与一个带符号数相乘或相除也是可以的实现的，基本方法和步骤是：

①求带符号数的绝对值；

②用无符号数乘或除指令进行此绝对值与无称号数的乘或除运算；

③将无符号的结果转换为带符号数。

3.2.2 BCD码调整指令

在1.7节和1.8节中，我们已经知道了计算机中进行十进制运算的原理和6条BCD码调整指令的用法，在本小节中我们讨论这些BCD码调整指令的完整功能和调整原理。同学们可以按照这些调整指令的功能对1.8实验进行重新验算。

1. 压缩型 BCD 码加法调整指令

指令格式:DAA ;若 AL 的低 4 位>9 或 AF=1,则 AL←AL+06H,AF←1,

;若 AL 的高 4 位>9 或 CF=1,则 AL←AL+60H,CF←1

DAA 指令的功能是对 AL 中的一个二进制加法的结果进行调整,使之变为压缩型 BCD 码的结果。所以 DAA 指令必须跟在一条以 AL 为目的的 ADD 或 ADC 指令之后,且相加的两个数必须是合法的压缩型 BCD 码。DAA 指令对除 OF 外的 5 个标志位有影响,OF 标志是不确定的。

在 1.7.2 的例子中,AL=45H,BL=67H,执行 ADD AL,BL 后 AL=0ACH,CF=AF=0,再执行 DAA 指令时,因为 AL 的高低 4 位都>9,所以 0ACH+66H=12H→AL,AF=CF=1。

在上面的例子中个位数 5+7,按二进制计算结果是 C,但它不是 BCD 码,加 6 后得 12H,这正好是 BCD 加应该得到的结果。所以,DAA 指令判断若个位数或十位数>9,就加 6 进行调整。再看一个例子:8+9 按二进制计算结果是 11H,有进位,但按十进制看是不对的,11H+6=17H,这正好是 BCD 相加应该得到的结果。所以,DAA 指令判断若 AF=1 或 CF=1,则分别在个位数上或十位数上加 6 进行调整。理解了 DAA 指令的调整原理后,AAA、DAS、AAS 指令的调整原理就不难理解了。后面对这 3 条调整指令的调整原理就不作分析了,请同学们自行分析。

2. 非压缩型 BCD 码加法调整指令

指令格式:AAA;若 AL 的低 4 位>9 或 AF=1,

则 AL←AL+06H,CF←AF←1,AH←AH+1,AL 高 4 位清 0

AAA 指令的功能是对 AL 中的一个二进制加法的结果进行调整,使之变为非压缩型 BCD 码的结果。所以 AAA 指令必须跟在一条以 AL 为目的的 ADD 或 ADC 指令之后,且相加的两个数必须是合法的非压缩型 BCD 码。AAA 指令对 CF、AF 标志位有影响,其余 4 个标志位是不确定的。

3. 压缩型 BCD 码减法调整指令

指令格式:DAS ;若 AL 的低 4 位>9 或 AF=1,则 AL←AL−06H,AF←1,

;若 AL 的高 4 位>9 或 CF=1,则 AL←AL−60H,CF←1

DAS 指令的功能是对 AL 中的一个二进制减法的结果进行调整,使之变为压缩型 BCD 码的结果。所以 DAS 指令必须跟在一条以 AL 为目的的 SUB 或 SBB 指令之后,且相减的两个数必须是合法的压缩型 BCD 码。DAA 指令对除 OF 外的 5 个标志位有影响,OF 标志是不确定的。

4. 非压缩型 BCD 码减法调整指令

指令格式:AAS;若 AL 的低 4 位>9 或 AF=1,

则 AL←AL−06H,CF←AF←1,AH←AH−1,AL 高 4 位清 0

AAS 指令的功能是对 AL 中的一个二进制减法的结果进行调整,使之变为非压缩型 BCD 码的结果。所以 AAS 指令必须跟在一条以 AL 为目的的 SUB 或 SBB 指令之后,且相减的两个数必须是合法的非压缩型 BCD 码。AAS 指令对 CF、AF 标志位有影响，其余 4 个标志位是不确定的。

5. 非压缩型 BCD 码乘法调整指令

指令格式：AAM；AL÷0AH，AH←商，AL←余数

AAM 指令的功能是将 AL 中的一个二进制乘法的结果转换为两位非压缩型 BCD 码，十位数存 AH，个位数存 AL。所以 AAM 指令必须跟在一条 8 位乘 8 位 MUL 指令之后，且相乘的两个数必须是合法的非压缩型 BCD 码。AAM 指令根据 AL 的结果影响 SF、ZF 和 PF，其余 3 个标志位是不确定的。

从数学意义上看，将一个二进制数除以 0AH，所得的商就是这个二进制数含有多少个 0AH；而一个二进制数含有多少个 0AH 就是对应的十进制数的十位数。所以 AL 除以 0AH 得的商是十位数，余数就是个位数了。

6. 非压缩型 BCD 码除法调整指令

指令格式：AAD；AL←AH×0AH＋AL，AH←0

AAD 指令的功能是将 AH、AL 中的一个两位非压缩型 BCD 转换为二进制存 AL 中，AH 清 0。所以 AAD 指令必须放在一条 16 位除 8 位 DIV 指令之前，且相除的两个数必须是合法的非压缩型 BCD 码。为保证商是一位非压缩型 BCD 码，被除数的十位数必须比除数小。AAD 指令根据 AL 的结果影响 SF、ZF 和 PF，其余 3 个标志位是不确定的。

从数学意义上看，一个十进制数的十位数表示了此数含有多少个 0AH，所以，十位数乘 0AH 再加上个位数，就是将此十进制数转换为二进制数。这就是 AAD 指令的调整原理。

3.3 多字节加/减运算程序

3.3.1 多字节加/减运算程序的基本结构

一条 ADD 或 SUB 指令只能进行一个字节或两个字节的加/减运算，实际问题中的数据往往是多字节的，例如，高级语言中的双精度整型数是 8 个字节。这时必须用一个一重循环程序来实现多字节的加/减运算。因为字节间要传递进位或借位标志，所以循环中加或减必须用 ADC 或 SBB 指令，而循环中的其他指令对 CF 标志不能有影响，所以修改地址指针和循环计数必须用 DEC 或 INC 指令。

多字节二进制加程序与多字节二进制减程序的基本编程原理是一样的，程序结构也完全一样；多字节 BCD 码加/减程序与多字节二进制加/减程序的基本编程原理和程序结构也是一样的。下面以多字节二进制加法程序为例说明多字节加/减程序的基本编程方法。

3.3.2 多字节二进制加法程序

图 3.4 是多字节二进制加法程序的流程图，这是一个典型的一重循环程序结构，利用此程序也可掌握循环程序的基本编程方法。

表 3.3 是多字节二进制加法程序的程序清单，此程序实现 4 字节加 4 字节和为 5 个字节的加法运算。此程序有 3 个多字节数据，用了 3 个地址指针。因为用 LOOP 指令结束循环，

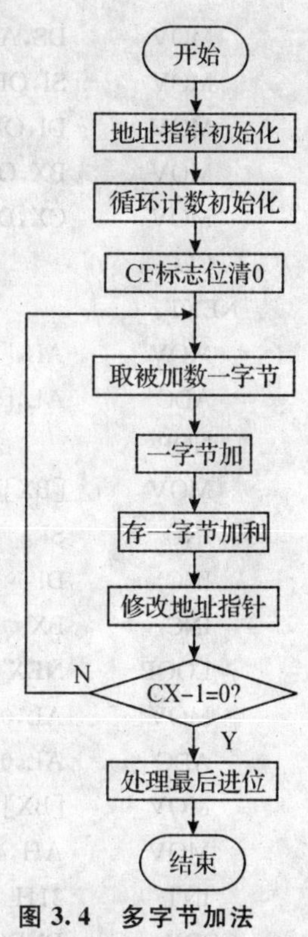

图 3.4 多字节加法程序流程

所以要把循环次数赋给 CX；被加数和加数的字节数一样的，程序中用被加数的字节数作为循环次数，用加数的字节数作为循环次数也可以。因为循环中要用带进位的加法指令 ADC 实现字节间的进位传递，而第一个字节加运算时没有前一字节，也就不用加进位位，所以，在循环开始前将 CF 标志位清 0，CLC 指令就完全这个功能。对 CF 标志位操作的指令还有两条，这里顺便介绍一下，STC 指令的功能是将 CF 标志位置 1，CMC 指令的功能是将 CF 标志位取反。

循环中先将被加数一个字节读到 AL 中，然后与加数的一个字节相加，再将结果存入和单元中。调试此程序时要求将程序从二进制加改为 BCD 码加，为了在 DEBUG 中添加调整指令方便，程序中在 ADC 指令后加了一条空操作 NOP 指令，它是一字节的指令，DAA、AAA、DAS、AAS 四条调整指令也是一字节的指令。要注意乘除的调整指令 AAM 和 AAD 是两字节的指令，所以在以后乘法、除法程序中若也有类似要求，必须加 2 条空操作指令。

循环中加完一个字节后，就要修改被加数、加数及和的指针，指向下一字节，为下一次加做准备。程序中修改地址指针是用加 1 指令 INC，说明本程序中，多字节数据的存放顺序是低地址低字节，高地址高字节。当程序对多字节数据每次取 1 个字节进行操作时，这种顺序不是必须的，但当程序每次取 1 个字或 2 个字进行操作时，这种顺序就是必须的。所以，编写多字节运算程序时，要特别注意高低字节的顺序。

因为被加数、加数的最高字节相加后可能有进位，所以循环结束后，还必须将最后的进位位存入和单元的最高字节中。循环结束时最后的进位位在 CF 中，所以用 MOV AL,0 指令先将 AL 清 0，再用 ADC AL,0 指令就将进位位传到 AL 中。对最后进位位的这种处理方法是假定相加的两个多字节数是无符号数，若是两个多字节带符号数相加要怎么处理呢？中间字节间的进位位传递也要作不同处理吗？这两个问题同学们要好好思考一下，达到对无符号数和带符号数概念的融会贯通的目的。

多字节加/减运算程序编程的关键点在于进位标志的传递。必须理解清楚的是，循环中的一条 ADC 指令与上一次、后一次及本次循环有关，它加的上一次循环得到的进位标志，产生新的进位标志，提供给下一次循环使用。所以，循环中的其他任何一条指令都不能对 CF 标志有影响，否则会影响加/减运算的结果。

表 3.3 多字节二进制加法程序

```
DATA      SEGMENT
DATA1     DB 4 DUP(?)         ;被加数
DATA2     DB 4 DUP(?)         ;加数
DATA3     DB 5 DUP(?)         ;和
DATA      ENDS
CODE      SEGMENT
ASSUME    CS:CODE,DS:DATA
START:
  MOV     AX,DATA
```

```
        MOV     DS,AX
        MOV     SI,OFFSET DATA1     ;被加数指针
        MOV     DI,OFFSET DATA2     ;加数指针
        MOV     BX,OFFSET DATA3     ;和指针
        MOV     CX,DATA2-DATA1      ;被加数字节数作为循环次数
        CLC                         ;进位标志位 CF 清 0
NEXT:
        MOV     AL,[SI]             ;取被加数一字节
        ADC     AL,[DI]             ;一字节加
        NOP                         ;空操作,为 DEBUG 中修改程序方便
        MOV     [BX],AL             ;存一字节和
        INC     SI                  ;被加数指针加 1,指向下一字节
        INC     DI                  ;加数指针加 1,指向下一字节
        INC     BX                  ;和指针加 1,指向下一字节
        LOOP    NEXT                ;循环
        MOV     AL,0
        ADC     AL,0                ;加最后的进位标志位
        MOV     [BX],AL             ;存最后的进位
        MOV     AH,4CH
        INT     21H                 ;程序结束
CODE    ENDS
END     START
```

有了这个多字节二进制加法程序后，稍作修改就可实现减法程序及 BCD 加/减程序。若要改为多字节压缩型 BCD 加法程序，则只需将 NOP 指令改为 DAA 指令；若要改为多字节非压缩型 BCD 码加法程序，则只需将 NOP 指令改为 AAA 指令。若要改为多字节二进制减法程序，则将 ADC 指令改为 SBB 指令即可；修改为多字节压缩型、非压缩型 BCD 码减法程序的方法与加法程序的修改一样，不再赘述。

多字节二进制加法运算还可改为多字二进制运算，以提高执行效率。若要改变字节数，则在数据段中修改几个变量的字节数即可；若加数、被加数字节数不同，则要按字节数多者进行计算。

3.3.3 程序调试(DEBUG 操作(二))

汇编语言程序上机过程中，汇编、连接都没有错误并不意味着程序编写工作的完成，而只是刚刚起步。接下来必须做的工作是，在 DEBUG 中对程序功能的正确性进行验证。只有当程序在各种情况下的运行结果都是正确的时，才能宣告程序编写工作全部完成。实际上，程序调试是程序编写工作中的最后一个步骤，也是最重要、最关键的一步。程序中若有一个小小的错误没查出来，在实际运行中都可能造成严重的后果，这种例子是很多的，必须吸取教训。

在整个程序编写过程中，绝大部分的时间要花费地程序调试上，同学们对此必须有足够的思想准备。调试程序就是用一定的输入数据运行程序，然后根据程序的输出结果判断程序是否存在错误，若有错误则找到并更正的过程。调试技巧的提高要靠长期的经验积累，有一些基本原则必须遵循：

(1)必须选取足够的测试数据对程序进行调试验证。这些数据必须尽量涵盖所有可能的

情况，特别是一些边界条件必须测试。

(2)所有测试数据都通过才能证明程序是正确的。只要有一组测试数据没通过，都必须找到问题所在并更正程序。每次修改程序后都必须将所有测试数据，包括原来已测试通过的数据，重新测试一遍。

(3)调试验证过程中要相信测试结果，对自己编写的程序不能过分相信。可以采用“对分搜索”法进行错误的定位，即对发现有错误的程序段，先运行到一半的位置，检查中间结果是否正确；若正确，则可认为错误在下半部分，因此在下半部分程序段继续查错；若不正确，则可认为错误在上半部分，因此在上半部分程序段中继续查错。如此下去，直至找出错误为止。

(4)调试验证已通过的程序要保存好，相应的测试数据也要保留，保证调试验证随时可重复进行。对已调试和未调试的程序要分类管理，不能混在一起。积累已调试的程序，特别是一些常用通用的程序，可使今后的编程工作节省大量时间。

下面以 3.4 实验的必做实验(1)、(2)为例，介绍 DEBUG 中调试程序的常用操作。以后其他实验的基本操作都是一样的，请同学们通过实际操作熟练掌握。

1. 显示和修改内存中数据

对实验 3.4 的必做实验(1)，在 DEBUG 中用 U 命令看到的程序如图 3.5 所示。如果程序较长，一屏显示不完，则再键入 U 命令可看到下一部分程序，直接全部显示完。

```
C:\WINDOWS\system32\cmd.exe - debug mc3_1.exe
-u0 26
13E6:0000 B8E513        MOV     AX,13E5
13E6:0003 8ED8          MOV     DS,AX
13E6:0005 BE0000        MOV     SI,0000
13E6:0008 BF0400        MOV     DI,0004
13E6:000B BB0800        MOV     BX,0008
13E6:000E B90400        MOV     CX,0004
13E6:0011 F8            CLC
13E6:0012 8A04          MOV     AL,[SI]
13E6:0014 1205          ADC     AL,[DI]
13E6:0016 90            NOP
13E6:0017 8807          MOV     [BX],AL
13E6:0019 46            INC     SI
13E6:001A 47            INC     DI
13E6:001B 43            INC     BX
13E6:001C E2F4          LOOP    0012
13E6:001E B000          MOV     AL,00
13E6:0020 1400          ADC     AL,00
13E6:0022 8807          MOV     [BX],AL
13E6:0024 B44C          MOV     AH,4C
13E6:0026 CD21          INT     21
-
```

图 3.5 DEBUG 中的多字节加法程序

从程序中看出，数据段的段地址是“13E5”，所以，键入“D13E5:0”，查看数据段的内容，显示如图 3.6 所示。现在看到，数据段中的内容都是 0，这是因为我们在源程序中对被加数、加数都没写初值。

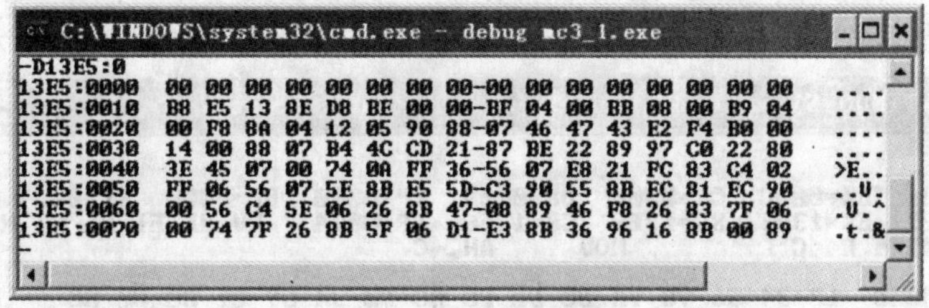

```
C:\WINDOWS\system32\cmd.exe - debug mc3_1.exe
-D13E5:0
13E5:0000  00 00 00 00 00 00 00 00-00 00 00 00 00 00 00 00   ....
13E5:0010  B8 E5 13 8E D8 BE 00 00-BF 04 00 BB 08 00 B9 04   ....
13E5:0020  00 F8 8A 04 12 05 90 88-07 46 47 43 E2 F4 B0 00   ....
13E5:0030  14 00 88 07 B4 4C CD 21-87 BE 22 89 97 C0 22 80   ....
13E5:0040  3E 45 07 00 74 0A FF 36-56 07 E8 21 FC 83 C4 02   >E..
13E5:0050  FF 06 56 07 5E 8B E5 5D-C3 90 55 8B EC 81 EC 90   ..V.
13E5:0060  00 56 C4 5E 06 26 8B 47-08 89 46 F8 26 83 7F 06   .V.^
13E5:0070  00 74 7F 26 8B 5F 06 D1-E3 8B 36 96 16 8B 00 89   .t.&
-
```

图 3.6 数据段初始内容

将被加数、加数的数值写入相应的地址中后，才可以运行程序，检查结果。写数据到内存中的命令是E，键入“E13E5:0”，显示如图3.7所示，这时就可以按偏移地址顺序一个字节、一个字节地输入数据。每输入一字节后按空格键，就可移到下一地址输入下一字节。若要移回前一地址输入数据，则按“－”(减号)键。

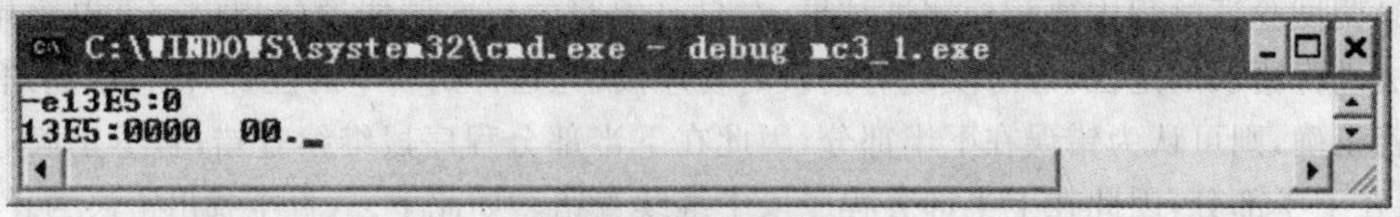

图3.7 输入数据命令

设现在要用78563412H和0F0DEBC9AH作为被加数和加数进行验证，则输入数据过程如图3.8所示。输入多字节数据时要注意高低地址的顺序，完成输入数据后，最好再用D命令检查一下全部数据是否与预想相符。

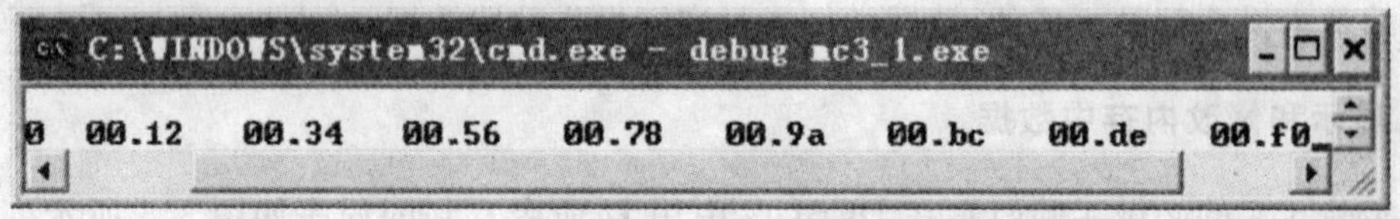

图3.8 输入数据操作

输入数据的E命令还有一种格式是所有数据一次性输入，如图3.9所示，效果与前面的操作一样。

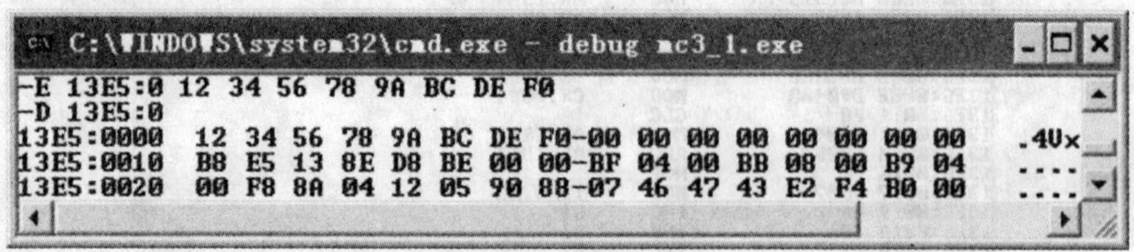

图3.9 输入数据并检查

图3.9中，从“13E5:0”地址开始，前4个字节就是被加数，接下来的4个字节是加数。再后面5个字节是存和的单元，现在看到值是0，程序运行后就会有变化。

2. 断点运行程序

从图3.5看到，程序结束的地址是0024H或0026H，键入“G=0 24”就可使程序从偏移地址0开始运行，直到偏移地址0024处停下来，这就是断点运行程序。这时再键入D命令就可查看计算结果，因为程序运行过后数据段寄存器DS的值已变为13E5H了，这时D命令和E命令的格式中都可省略段地址。断点运行程序和查看结果的显示如图3.10所示。

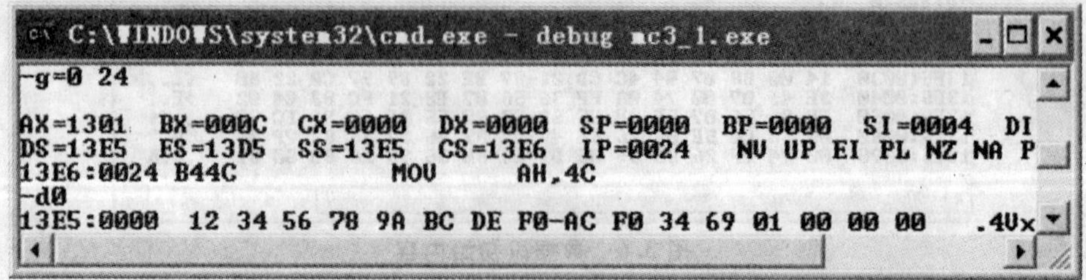

图3.10 运行结果显示

用图 3.10 的结果与人工计算的结果比较，若不符，说明程序有误，要找出错误并更正。

G 命令的格式中"=0"表示要运行的程序段的首地址，注意"="号不能省略，当然也不一定每次都要从 0 地址开始运行。G 命令格式中的"24"是断点地址，为了调试分支程序方便，一条 G 命令最多可设置 10 个断点。

3. 修改程序中部分指令

在 DEBUG 中验证完二进制加的功能后，将 NOP 指令改为 DAA 指令就可使程序的功能变为压缩型 BCD 码加，再进行以上同样的操作步骤，就可验证多字节压缩型 BCD 码加法程序的正确性。

图 3.5 中，我们看到 NOP 指令的偏移地址是 0016H，所以键入"A 0016"命令就可修改此地址中的指令，再键入 DAA 指令就完成了修改。A 命令的操作在"DEBUG 操作(一)"一节中就已介绍，这里不再重复。修改完指令后可用 U 命令把整个程序显示出来检查。

同样的方法可验证多字节非压缩型 BCD 码加法程序及各种减法程序的正确性，具体操作不再赘述。

在 DEBUG 中直接修改程序中的部分指令时，必须特别注意的是，新指令的总字节数必须与被替换的指令的总字节相同或更少。若新指令总字节更少，多余的字节必须用 NOP 指令填充。DEBUG 没有在程序中插入指令的功能，所以，若要在程序中插入几条指令，则必须在源程序中用 NOP 指令留出位置。

3.4 多字节加/减程序实验

3.4.1 实验目的

(1)掌握多字节二进制、BCD 码加/减运算程序的编程方法；

(2)掌握多字节二进制、BCD 码加/减运算程序的调试方法；

(3)掌握循环程序的编程方法；

(4)了解调试数据的选取原则；

(5)熟练掌握 DEBUG 中 D、E、A、G 等命令的使用。

3.4.2 实验准备

(1)读懂表 3.3 程序，仔细理解多字节二进制、BCD 码加/减程序的编程方法。

(2)按照实验内容要求修改程序。

(3)按照实验内容要求画好调试数据记录表，列出调试数据中的被加数和加数，并进行人工计算。表 3.4 是一个样例，其他表格自制。

3.4.3 必做实验

(1)对表 3.3 的多字节二进制加法程序进行验证，将调试数据填入表 3.4 中。

(2)在 DEBUG 中将程序改为多字节压缩型 BCD 码加法程序，验证程序的正确性，填写调试数据记录。

(3)在 DEBUG 中将程序改为多字节非压缩型 BCD 码加法程序，验证程序的正确性，填写调试数据记录。

表 3.4 加/减程序调试数据记录(一)

程序功能				
编号	被加数	加数	和(人工计算)	和(程序计算)
1				
2				
3				
4				

(4)选取以上三种加法程序之一,将程序中 SI、DI、BX 三个地址指针改为只用一个寄存器作地址指针。重新汇编、连接后在 DEBUG 中进行验证,填写调试数据记录。

(5)在(4)的基础上,将程序改为 8 字节加 8 字节。重新汇编、连接后在 DEBUG 中进行验证,填写调试数据记录。

(6)将(1)的程序改为 4 个字加 4 个字的多字相加程序,即将加法指令的操作数由 8 位改为 16 位。重新汇编、连接后在 DEBUG 中进行验证,填写调试数据记录。

3.4.4 选做实验

(1)将表 3.3 的程序分别改为多字节二进制减法程序、多字节压缩型 BCD 码减法程序和多字节非压缩型 BCD 码减法程序,调试验证,填写调试数据记录。

(2)将表 3.3 的程序改为 8 字节加 4 字节的多字节加法程序,二进制或 BCD 码均可。调试验证,填写调试数据记录。

(3)编写一个 400 个 4 字节压缩型 BCD 码累加的程序,设计调试方案,编制调试数据记录表,并最后进行调试验证。

3.4.5 思考题

(1)在各种多字节减法程序中,若最高字节有借位,应如何进行处理?

(2)设在某个时间累计系统中,单个时间数据用 4 个字节压缩型 BCD 码表示,从低字节到高字节分别是 10 毫秒数、秒数、分钟数、小时数,累计时间数据用 5 个字节压缩型 BCD 码表示,最高字节是天数。试编写程序实现一个累计时间数据与单个时间数据相加,并设计调试方案,编制调试数据记录表,并最后进行调试验证。

3.5 多字节除法运算程序

3.5.1 多字节除法程序基本编程方法

单条的除法指令可以进行无符号数除法或带符号数除法,但若是一条指令不够用的多字节除法,则一般必须用无符号数进行除法运算。从理论上分析,多字节除法程序有三种编程方法。

1. 连减法

从数字意义上看,A 除以 B 就是将 A 平均分为 B 份,每份能分到多少。此数字原理在编程上是可以实现的,方法如下:先将商初始化为 0,用前一节的多字节减法程序进行 A 减 B 运算,够减商就加 1;重复减法运算,直至不够减为止。这种编程方法简单,但程序的执行效率较低,特别是被除数比除数大很多的情况。所以,连减法一般在被除数与除数相差不多的情况下才使用。

2. 除法指令法

对于有除法指令的 CPU,尽量用除法指令来编写多字节的除法程序,显然是最合理和最好的选择。因为 8086 除法指令中的除数只能是 1 个字节或 1 个字,所以用除法指令编写二进制多字节除法程序时,只能实现多字节除以一字节,或多字除以一字两种功能。又因为 8086 有非压缩型 BCD 码除法调整指令,所以可以实现非压缩型 BCD 码的多字节除以一字节。这三种使用除法指令的除法程序的流程和基本原理完全相同。

3. 被除数左移法

对于没有除法指令的 CPU,或尽管有除法的指令,但不适合进行多字节除法的 CPU,上面讲的第 2 种方法是无法使用的。即使是有除法指令的 CPU,当除数的位数超过了除法指令能支持的位数时,上面的第 2 种方法也无法使用。所以,我们必须找到一种通用的编程方法来实现多字节除法程序,就是对任何 CPU、在任何情况下都能使用的方法。借鉴人工除法计算的"除数右移法",将此方法改进为"被除数左移法"就可以编程实现。实际上,在 CPU 内部,除法指令功能的硬件实现用的就是"被除数左移法"。

3.5.2 除法指令法的除法程序

8086 中,用除法指令实现多字节除一字节的原理与人工计算十进制多位除 1 位的算法完全一样,如图 3.11 所示。左边的每位十进制数对应右边的每个框,每个框表示一个字节。

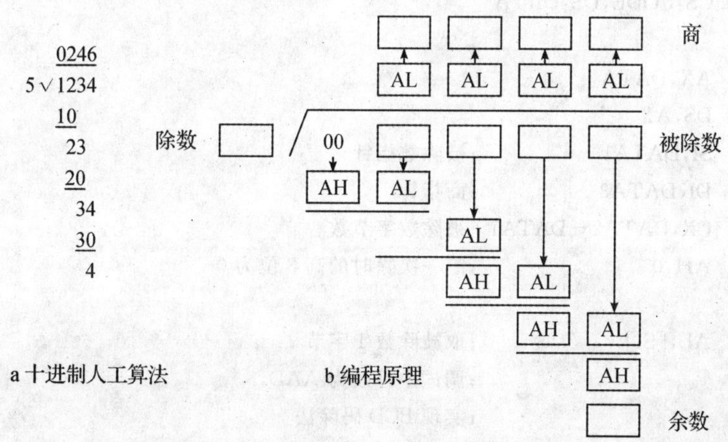

图 3.11 用除法指令实现除法程序原理

若被除数的最高字节比除数大,则一开始就直接用一条除法指令进行 2 字节除以 1 字节的运算会出错。为了避免这种情况出现，先将 AH 清 0，将被除数的最高字节传到 AL 中凑成 2 字节，就可用一条除法指令除以除数。实际上就是被除数的最高字节除以除数，得到的商在 AL 中，这是多字节商的最高字节，存到商单元中；得到的余数在 AH 中，将被除数的下一字节传到 AL 中又可凑成 2 字节，再用一条除法指令除以除数，就可得到商的第 2 字节；余数再与被除数的下一字节凑成 2 字节的被除数。如此下去，直至被除数的最后一字节，最后的余数就是整个除法运算的余数。

用除法指令实现的多字节除以 1 字节程序的流程如图 3.12 所示，多字除 1 字的程序流程完全相同。将图 3.12 与图 3.4 的多字节加法程序流程比较，会发现流程基本相同，这说明计算功能越复杂，并不一定程序流程也越复杂。用除法指令实现多字节除以 1 字节的程序清单如表 3.5 所示。要注意的是，这个程序中，被除数和商在内存中的存放顺序是：低地址高字节，高地址低字节。为了在 DEBUG 中调试程序时改为 BCD 码除法方便，程序在 DIV 指令前加了两条 NOP 指令。

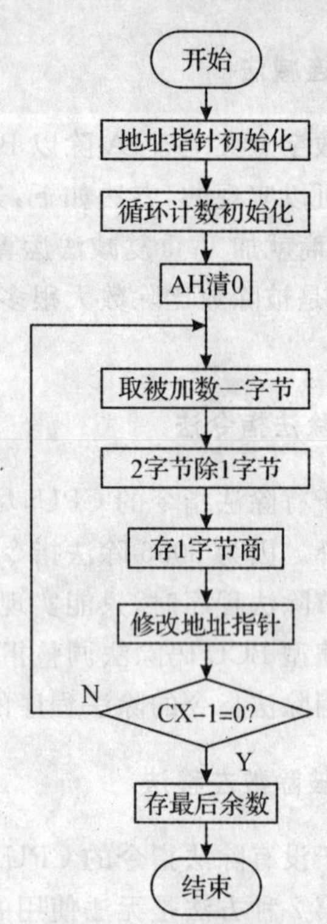

图 3.12 除法指令法多字节除法程序流程

表 3.5 除法指令法的多字节除法程序

```
DATA      SEGMENT
DATA1     DB 4 DUP(?)          ;被除数
DATA2     DB ?                 ;除数
DATA3     DB 5 DUP(?)          ;商和余数
DATA      ENDS
CODE      SEGMENT
ASSUME    CS:CODE,DS:DATA
START:
  MOV     AX,DATA
  MOV     DS,AX
  LEA     SI,DATA1             ;被除数指针
  LEA     DI,DATA3             ;商指针
  MOV     CX,DATA2-DATA1       ;被除数字节数
  MOV     AH,0                 ;第一次除时的高 8 位为 0
NEXT:
  MOV     AL,[SI]              ;取被除数 1 字节
  NOP                          ;调试中可改为 AAD,
  NOP                          ;实现 BCD 码除法
  DIV     DATA2                ;2 字节除 1 字节
  MOV     [DI],AL              ;存商
  INC     SI                   ;被除数地址加 1
  INC     DI                   ;商地址加 1
```

```
    LOOP    NEXT            ;循环
    MOV     DATA3+4,AH      ;存余数
    MOV     AH,4CH          ;返回 DOS
    INT     21H
CODE        ENDS
END         START
```

变量 DATA3 的前 4 个字节存放商，地址是 DATA3+0～DATA3+3，最后一个字节存放余数，地址是 DATA3+4，而最后的余数在 AH 中，所以，循环结束后，用“MOV DATA3+4,AH”指令可以存储最后的余数，将此指令改为“MOV [DI],AH”也是对的，因为这时 DI 指针也指向 DATA3+4。

3.5.3 被除数左移法的除法程序

在 1.1 节中我们知道，人工二进制除法计算的方法为“除数右移试减法”，编程时可借鉴，但不能完全照搬。若完全照搬人工方法，则被除数有 N 字节就必须进行 N 字节的减法。为了减少做减法运算的字节数，将“除数右移试减法”改进为“被除数左移试减法”，原理如图 3.13 所示，除数有 M 字节，就只需进行 M 字节的减法。除法的实际问题中一般都有 $M<N$，所以改进的方法可以减少计算量。

```
1001 1010 √0000 0000 1011 1001 0101 1010    左移 8 位
           1011 1001 0101 1010 0000 0000←1
         - 1001 1010
              1 1111 0101 1010 0000 0001    左移 3 位
           1111 1010 1101 0000 0000 1000←1
         - 1001 1010
            110 0000 1101 0000 0000 1001    左移 1 位
           1100 0001 1010 0000 0001 0010←1
         - 1001 1010
             10 0111 1010 0000 0001 0011    左移 2 位
           1001 1110 1000 0000 0100 1100←1
         - 1001 1010
                 100 1000 0000 0100 1101    左移 2 位
余数            1 0010 0000 0001 0011 0100  商
```

图 3.13 被除数左移法除法原理

在图 3.13 中，设被除数为 16 位，除数为 8 位，则先在被除数的高位扩展 8 位二进制 0。被除数每次左移 1 位，在此高 8 位位置上试减除数，够减则商为 1，不够减则商为 0。这时被除数左移后，最低位空出 1 位，正好存此位商。如此重复 16 次后，原来被除数的位置变为商，扩展的高 8 位被减数位置上的数是余数。在图 3.13 中，为简化起见，连续的几步试商不够减，商为 0 的几位左移并在一行里表示。

用被除数左移法实现多字节除以 1 字节的程序流程如图 3.14 所示，这是一个双重循环的程序，循环中还有分支结构。若要实现多字除以 1 字，甚至如果除数是多字节的，流程还是一

样的。被除数左移法除法程序清单见表 3.6，在此程序中，巧妙地将被除数和商单元合二为一，使程序大大简化。同学们要仔细理解、体会并掌握这种编程技巧，提高自己的编程水平。

表 3.6　被除数左移法除法程序

```
DATA     SEGMENT
DATA1    DB 4 DUP(?)              ;被除数、商
DATA2    DB ?                     ;除数
DATA3    DB ?                     ;余数
DATA     ENDS
CODE     SEGMENT
ASSUME CS:CODE,DS:DATA
START:
    MOV   AX,DATA
    MOV   DS,AX
    MOV   AL,0                    ;AL 作为被减数
    MOV   CH,8*LENGTH DATA1       ;左移位数
NEXT1:
    LEA   SI,DATA2-1              ;指向商的最低字节
    MOV   CL,DATA2-DATA1          ;左移字节数
    CLC                           ;左移后留出 1 位为 0
NEXT2:
    mov   ah,[si]                 ;被除数、商的 1 字节左移 1 位
    adc   ah,[si]
    mov   [si],ah
    DEC   SI                      ;指向下一字节
    DEC   CL                      ;字节数减 1
    JNZ   NEXT2                   ;不为 0 则继续左移
    adc   al,al                   ;AL 左移并加被除数移进的 1 位
    CMP   AL,DATA2                ;AL>除数?
    JC    NEXT3                   ;否，则不减除数
    SUB   AL,DATA2                ;是，则减除数
    INC   DATA2-1                 ;且，商加 1
NEXT3:
    DEC   CH                      ;左移位数-1
    JNZ   NEXT1                   ;不为 0，则继续循环
    MOV   DATA3,AL                ;存最后的余数
    MOV   AH,4CH                  ;返回 DOS
    INT   21H
CODE     ENDS
END      START
```

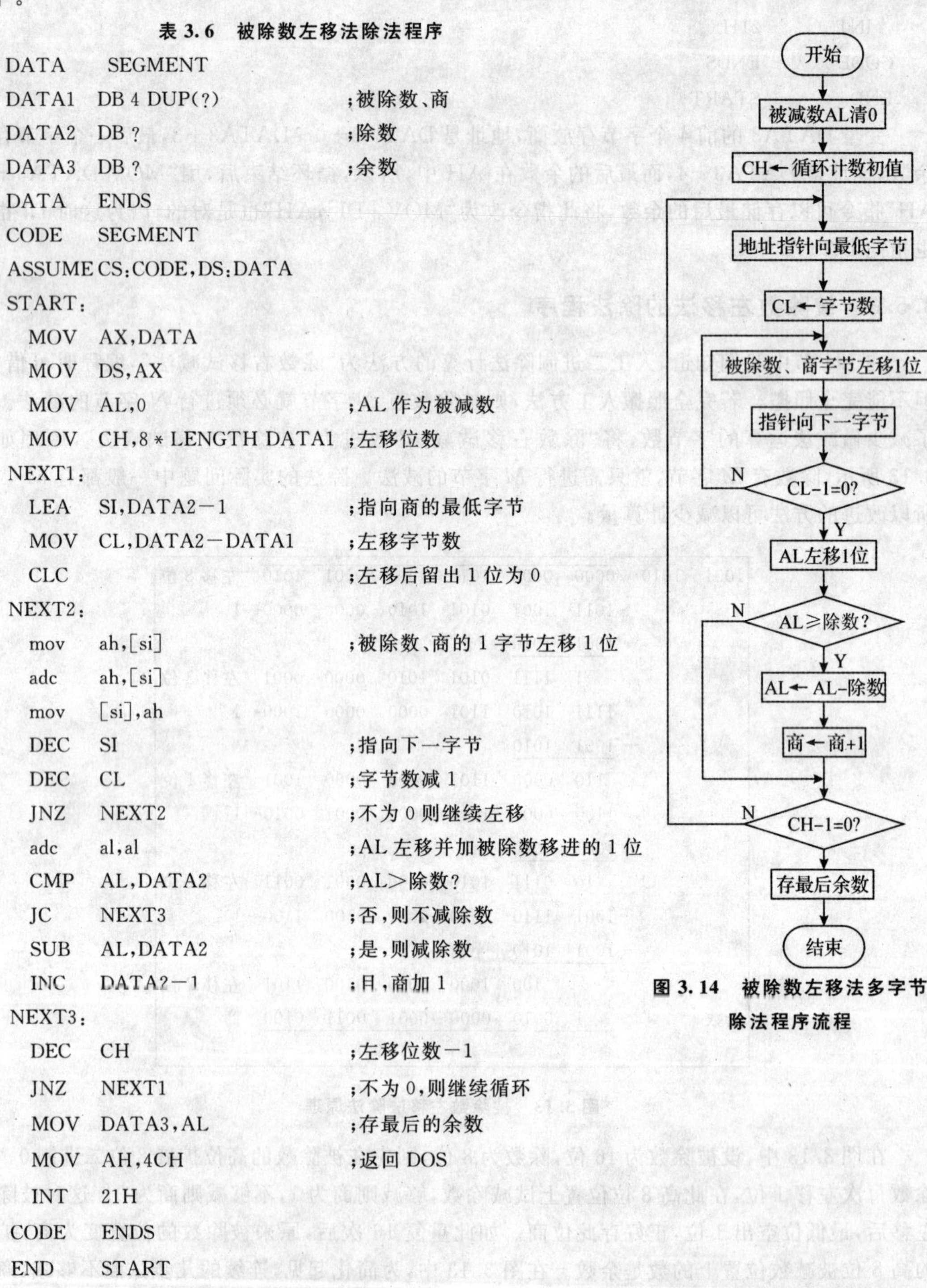

图 3.14　被除数左移法多字节除法程序流程

因为这是一个双重循环的程序，要用到两个循环计数，所以把 CX 分开成 CL 和 CH 使用。CL 用于内循环，初值赋被除数和商的字节数，控制多字节的被除数和商每次左移 1 位。CH 用于外循环，初值用表达式“8＊LENGTH DATA1”赋被除数的位数。

因为是多字节除1字节的程序，所以我们用AL作为被除数高位扩展出的被减数，用SI作为被除数和商的地址指针。每次循环中，地址指针先指向最低字节(最高)地址，然后，商、被除数和AL一起左移1位。左移空出来的最低位用来存商，必须清0，所以左移前要用"CLC"指令先将CF清0，左移操作会将CF移到最低位上。地址"DATA2－1"是最低字节的地址，也可以写成"DATA1＋LENGTH DATA1－1"。程序中用ADC指令来实现左移1位的功能，在第四章学了移位指令后，我们就会知道，商和被除数左移1位的3条小写字母指令可用"RCL BYTE PTR [SI],1"一条指令代替；AL左移1位的"adc al,al"指令也可改为"RCL AL,1"指令。

左移1位完成后，在AL中试减除数DATA2的方法是：先比较AL与DATA2的大小，若AL大于等于DATA2，则进行减法运算并且商加1，否则不操作。外循环结束后将AL中的最后余数存入余数单元DATA3中。

必须指出的是，为了训练和提高同学们的程序调试能力，我们有意在这个程序中留有错误。在实验过程中，同学们要仔细选取调试数据进行验证，找出错误并更正。

3.6 多字节除法程序实验

3.6.1 实验目的

(1)掌握多字节二进制、BCD码除法运算程序的编程方法；

(2)掌握多字节二进制、BCD码除法运算程序的调试方法；

(3)掌握双循环程序的编程方法，掌握分支程序的编程方法；

(4)掌握调试数据的选取原则；

(5)熟练使用DEBUG中的命令进行程序调试。

3.6.2 实验准备

(1)读懂表3.5和表3.6程序，仔细理解多字节二进制、BCD码除法程序的编程方法。

(2)按照实验内容要求修改程序。

(3)按照实验内容要求画好调试数据记录表，列出调试数据中的被除数和除数，并进行人工计算。表3.7是一个样例，其他表格自制。

3.6.3 必做实验

(1)对表3.5的多字节二进制除法程序进行验证，将调试数据填入表3.7中。

表3.7 除法程序调试数据记录(一)

程序功能						
编号	被除数	除数	人工计算		程序计算	
			商	余数	商	余数
1						
2						
3						
4						

(2)对表 3.6 的多字节二进制除法程序进行验证,填写调试数据记录表,分析结果,找出程序错误,更正错误。

(3)在 DEBUG 中将表 3.5 程序改为多字节非压缩型 BCD 码除法程序,验证程序的正确性,填写调试数据记录。

(4)将表 3.5 程序中 SI、DI 二个地址指针改为只用一个寄存器作地址指针,并改为非压缩型 BCD 码除法。重新汇编、连接后在 DEBUG 中进行验证,填写调试数据记录。

(5)将表 3.5 程序改为多字除一字程序,并将被除数和商的存放顺序改为低地址低字节,高地址高字节,只能用一个寄存器作地址指针。重新汇编、连接后在 DEBUG 中进行验证,填写调试数据记录。

(6)将表 3.6 程序改为多字除一字程序。汇编、连接后在 DEBUG 中进行验证,填写调试数据记录。

3.6.4 选做实验

(1)用连减法编写多字节除多字节程序,并调试验证,填写调试数据记录。多字节的被除数和除数可以是二进制数、非压缩型 BCD 码、压缩型 BCD 码。

(2)将表 3.5 程序改为非压缩型 BCD 码 4 字节除以 1 字节,结果商是 4 字节整数,4 字节小数的程序。调试验证,填写调试数据记录。

(3)将表 3.6 程序改为 8 字节除以 4 字节,调试验证,填写调试数据记录。

3.6.5 思考题

(1)在 3.5 节、3.6 节讨论的各种多字节除法程序中,被除数和除数都是无符号数,若多字节的被除数和除数都是带符号数,多字节除法应如何编程?

(2)设被除数和除数都是多字节压缩型 BCD 码,能编写除法程序吗?如何编写?

3.7 多字节乘法运算程序

3.7.1 多字节乘法程序的基本编程方法

单条的乘法指令可以进行无符号数乘法或带符号数乘法,但若要进行多字节乘法或多字乘法运算,则一般必须使用无符号数。从理论上分析,多字节或多字乘法程序有三种编程方法。本节主要讨论多字节乘法程序,多字乘法程序原理基本相同。

1. 连加法

从数字意义上看,A 乘 B 就是 A 连加 B 次或 B 连加 A 次。所以编程上可以用 A(或 B)作为循环次数,对 B(或 A)连加,程序的基本结构与多字节加法程序完全相同。这种编程方法流程简单,但执行效率较低,特别是两个乘数都较大时。所以这种方法仅适用于其中一个乘数较小的情况。

2. 乘法指令法

对于有乘法指令的 CPU 来说,用乘法指令来实现多字节乘法程序是首选的方法。在

8086 中，用乘法指令可实现二进制多字节乘法或二进制多字乘法，也可实现多字节非压缩型 BCD 码乘法。这三种使用乘法指令的乘法程序的流程完全相同，基本原理与人工十进制乘法过程完全相同。在多字节乘法程序的三种方法中，乘法指令法是执行效率最高的方法，所以，我们将重点讨论这种方法的原理、流程和编程实现。

3. 部分积右移法

在 1.1 节中，我们已经讨论了二进制乘法人工计算的原理，这种方法可称为“被乘数左移法”。对于没有乘法指令的 CPU，只能用这种方法进行多字节的乘法，但算法上要稍加改进，变为“部分积右移法”。对于 N 位乘 N 位的乘法运算，“被乘数左移法”需要 2N 位的加法器；“部分积右移法”则只需 N 位加法器。

“部分积右移法”的原理如图 3.15 所示，为了使推理过程更加明了，将“被乘数左移法”也列在一起方便比较。实际上，CPU 中执行乘法指令的硬件电路就是按“部分积右移法”设计的。理解了此方法的原理后，请同学们自行画出程序流程图并编写、调试程序。

```
        10111001
       ×01111001
       ---------
        10111001
       10111001
      10111001
     10111001
    +10111001
----------------
0101011101110001
```

a. 被乘数左移法

```
  1011  1001
 ×1010  1001
 -----------
  0000  0000
 +1011  1001       右移 3 位
 -----------
     1  0111  001
 +1011  1001       右移 2 位
 -----------
    11  0100  0000  1
 +1011  1001       右移 2 位
 -----------
    11  1011  0100  001
 +1011  1001       右移 1 位
 -----------
   111  1010  0010  0001
```

b. 部分积右移法

图 3.15 部分积分右移法乘法原理

与十进制乘法的计算类似，人工计算二进制乘法时，分两步进行，第一步先将乘数每位与被乘数相乘，得的部分积按各位乘数的位置对齐；第二步再将所有部分积相加，得到最后的乘积。若直接用此方法编程，则不仅需要较多的暂存单元，多个部分积相加也较麻烦。

“部分积右移法”的基本思路将“全部乘完再加”的方法改为“边乘边加”的过程。首先，设初始部分积为 0，从乘数的最低位开始，每位进行如下的判断处理：若为 1，则加被乘数到部分积中；若为 0，则不加被乘数，然后部分积右移 1 位。乘数每位判断处理结束，则得到最后的乘积。图 3.15 中可以看到，对应乘数中的一个“0”位，部分积连续右移 1 位。

3.7.2 乘法指令法的多字节乘法程序

用乘法指令实现多字节乘法程序的原理与人工十进制乘法计算的过程相同，图 3.16 以 4 字节乘 3 字节为例，对这两种算法进行了比较。左图的每位十进制数对应右图中的一个字节，右图中每个字节用一个矩形框表示。1 字节乘 1 字节可用一条乘法指令完成，两个字节相加可用加法指令完成。

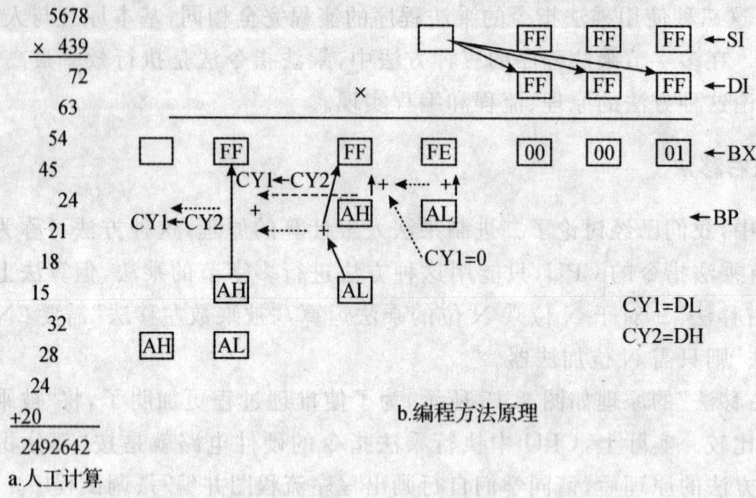

图 3.16　乘法指令法乘法原理

十进制人工计算的方法是将先进行所有乘法运算，再将这些中间结果全部相加得到最后的乘积。这种方法编程较麻烦，需要许多的暂存变量。所以实际编程方法是，先将部分积清0，每做一次乘法就马上把这个2字节的积加到部分积中。因为部分中已有数值，所以实际上要做的加运算是2字节加多字节，其中要解决的最关键问题是进行加法运算时如何处理进位。

图3.16假定已计算了被乘数的3个字节与乘数的3个字节相乘，正在进行被乘数的第4个字节与乘数相乘。乘数1字节与被乘数1个字节相乘的积低字节在AL中，高字节在AH中。与部分积相加时，低字节处理较简单，将AL与部分积的相应字节相加，和存回部分积单元，进位传递给高字节。高字节的处理较麻烦，实际上必须进行4个数的相加，一是乘积的高字节AH，二是部分积的相应字节，三是本次低字节加时传来的进位，四是上一次高字节加时传来的进位。这4个数相加的进位要传递给下一次加法运算的高字节上。

使用乘法指令的多字节乘法程序的流程如图3.17所示，程序清单见表3.8。由于此程序算法较复杂，同学们在阅读理解此程序时，要将图3.16的运算原理与流程图及程序清单三者结合在一起思考，互相对照。在理解程序的过程中要仔细体会一个汇编语言程序的“出炉”过程：从算法原理到程序流程到最后完成编程。

要编写一个汇编语言程序时，首先要从实际问题出发，分析清楚解决此问题的思路、方法，在几种思路中找出最佳的算法原理。然后根据这个算法，画出程序的流程图，若流程较复杂，可先画出较粗线条的流程图，并逐步细化。第三步，根据流程图合理分配寄存器及存储单元，编写程序初稿。特别是，多字节数据如何存储，地址指针如何使用，循环计数如何控制，分支条件如何判断等关键问题的处理要得当。最后，调试程序，检查程序存在的错误，修正错误。若是指令上问题，修改程序即可，若是结构上的问题，可能必须检查修改流程图，若是思路上的问题，则可能要把算法原理推倒重来。

多字节乘法程序是一个双重循环程序，外循环上被乘数每个字节与乘数相乘，所以外循环次数是被乘数的字节数；内循环中乘数每个字节与被乘数同一字节相乘，然后将乘的结果加到部分积中，所以内循环次数是乘数的字节数。被乘数、乘数要各用一个地址指针，但部分积要用两个地址指针。一个用在外循环，与被乘数一起，每循环一次加1，一个用在内循环，与乘数一起，每循环一次加1。同学们可以思考一下，部分积指针能否只用一个？

多字节乘法程序的最大难点是，被乘数 1 字节与乘数 1 字节相乘后，乘积高字节与部分积相加有可能有进位，这个进位要传递到下次循环的高字节上。程序中解决的办法是设置两个进位标志 CY1 和 CY2，CY1 是上次循环的高字节进位，要加到本次循环的高字节中，CY2 是本次循环的产生的进位。每次外循环开始时，必须将 CY1 清 0；每次内循环开始时，必须将 CY2 清 0，内循环结束时将 CY2 传递给 CY1。对于进位的传递，同学们也可以想想有否其他办法？

有意思的是，这个程序正好将 8086 能用的寄存器全部用上了。

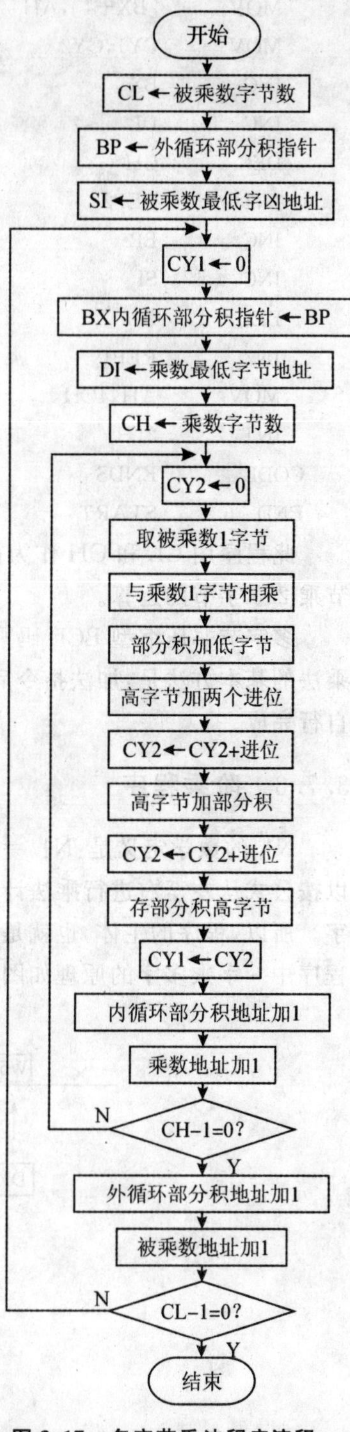

图 3.17　多字节乘法程序流程

表 3.8　多字节乘法程序

```
DATA        SEGMENT
DATA1       DB 4 DUP(?)          ;被乘数
DATA2       DB 3 DUP(?)          ;乘数
DATA3       DB 7 DUP(?)          ;积
CY1         EQU DL               ;上一次加的高字节进位
CY2         EQU DH               ;本次加的高字节进位
DATA        ENDS
CODE        SEGMENT
ASSUME      CS:CODE,DS:DATA
START:
  MOV       AX,DATA
  MOV       DS,AX
  MOV       CL,DATA2－DATA1      ;被乘数字节数，
                                 ;也是外循环次数
  LEA       BP,DATA3             ;外循环的部分积指针
  MOV       SI,OFFSET DATA1      ;被乘数指针
REP1:
  MOV       CY1,0                ;第一次的高字节进位
  MOV       BX,BP                ;内循环的部分积指针
  MOV       DI,OFFSET DATA2      ;乘数指针
  MOV       CH,DATA3－DATA2      ;乘数字节数，
                                 ;也是内循环次数
REP2:
  MOV       CY2,0                ;本次的高字节进位
  MOV       AL,[SI]              ;取被乘数 1 字节
  MUL       BYTE PTR [DI]        ;与乘数 1 字节相乘
  ADD       AL,[BX]              ;积的低字节与部分积加
  MOV       [BX],AL              ;存回部分积单元
  ADC       AH,CY1               ;积的高字节加 2 个进位
  ADC       CY2,0                ;高字节向前的进位
  ADD       AH,[BX+1]            ;积的高字节加部分积
  ADC       CY2,0                ;高字节向前的进位
```

```
        MOV     [BX+1],AH       ;高字节回送部分积单元
        MOV     CY1,CY2         ;本次进位变为上次进位
        INC     BX              ;部分积地址加 1
        INC     DI              ;乘数地址加 1
        DEC     CH
        JNZ     REP2            ;乘数未完,则继续
        INC     BP              ;外循环的部分指针加 1
        INC     SI              ;被乘数地址加 1
        DEC     CL
        JNZ     REP1            ;被乘数未完,则继续
        MOV     AH,4CH          ;返回 DOS
        INT     21H
CODE            ENDS
END             START
```

此程序用 CL 和 CH 作为被乘数和乘数的字节数的循环计数,所以最大可以进行 256 字节乘 256 字节的运算。

多字节非压缩型 BCD 码乘法的流程与图 3.17 流程完全相同,将表 3.8 程序改为 BCD 码乘法的基本方法是:加法指令后加 AAA 指令,乘法指令后加 AAM 指令。具体修改由同学们自行完成。

3.7.3 阶乘程序

N! 的数学定义是:N! =N×(N−1)×(N−2)×……×3×2×1,0! =1。计算过程可以按公式从左至右进行乘法计算,设 N 为一个字,则乘法计算过程中的中间结果可能是多个字。所以,程序的主体,也就是内循环,是多字乘一字;外循环对 N 减 1 直至 N=1 为止。N! 程序中一字乘多字的原理如图 3.18 所示。

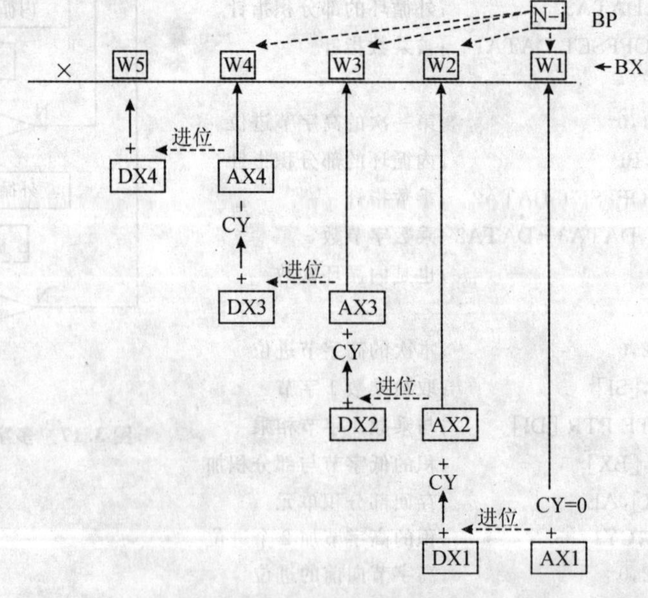

图 3.18　阶乘程序原理

图中假定阶乘进行到 N－i，中间结果长度为 4，即有 4 个字，从低到高为 W1、W2、W3、W4。N－i 要与这 4 个字分别相乘，得的积分别表示为 DX1、AX1，DX2、AX2，DX3、AX3，DX4、AX4。W1 与 N－i 相乘后，W1 单元就没有用了，所以乘积的低字 AX1 可经直接存入此单元；乘积的高字 DX1 暂存入 CY 单元，准备与下一次乘积的低字 DX2 相加。W2 与 N－i 相乘后，W2 单元就没有用了，所以乘积的低字 AX2 与 CY 相加后可直接存入此单元，相加的进位与 DX2 相加后暂存入 CY 单元，准备与下一次乘积的低字 DX3 相加。W3 与 N－i 相乘后的处理方法与 W2 相同。最后一个字 W4 与 N－i 相乘后，低字 AX4 的处理也与 AX3 的处理相同，但高字 DX4 的处理略有不同，加低字的进位后要判断是否为 0，若为 0 则不必再做任何处理，若不为 0，则要存入中间结果的下一个单元即 W5 中，同时将中间结果长度加 1。

阶乘程序流程如图 3.19 所示，程序清单见表 3.9。这个程序也是一个双重循环程序，但内外循环的控制方法不同。内循环的控制是在循环的结束外，外循环的控制是在循环入口，若 N＝1，则循环结束。按数学定义，当 N＝0 或 1 时，N! ＝1，所以 N≥2 时才要进行计算。

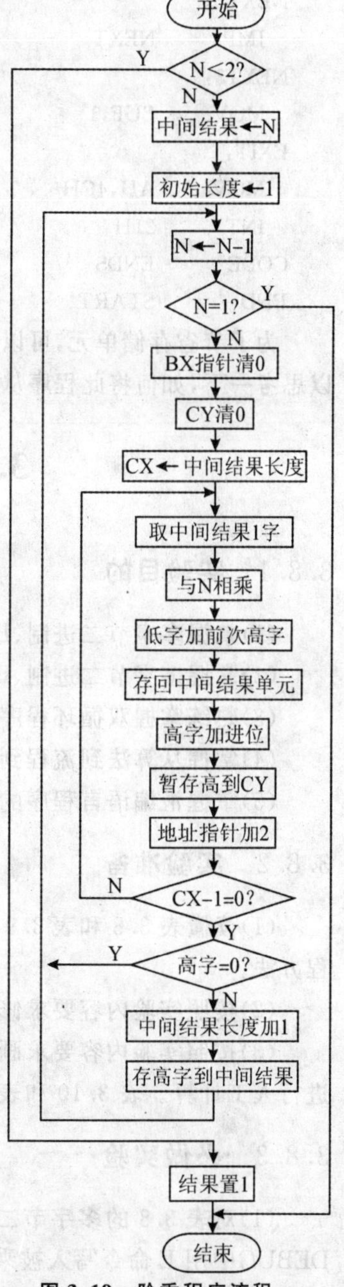

图 3.19 阶乘程序流程

表 3.9 阶乘程序

```
DATA      SEGMENT
N         DW ?              ;阶乘的 N 值
LEN       DW ?              ;中间结果长度
CY        DW ?              ;暂存低字进位加高字
BUF       DW 256 DUP(0)     ;中间结果
DATA      ENDS
CODE      SEGMENT
ASSUME    CS:CODE,DS:DATA
START:
  MOV     AX,DATA
  MOV     DS,AX
  MOV     BP,N              ;N 值用 BP 操作
  CMP     BP,2
  JC      NEXT3             ;N=0,1 则结束
  MOV     BUF,BP            ;初始中间结果初值=N
  MOV     LEN,1             ;初始长度为 1
NEXT:
  DEC     BP                ;N-1
  CMP     BP,1
  JZ      EXIT              ;N-1=1,则结束外循环
  MOV     BX,0              ;中间结果指针清 0
  MOV     CY,0              ;前次的高字清 0
  MOV     CX,LEN            ;长度即循环次数
NEXT1:
  MOV     AX,[BX+BUF]       ;取中间结果 1 个字
  MUL     BP                ;与 N-i 相乘
  ADD     AX,CY             ;加前次的高字
```

```
    MOV     [BUF+BX],AX  ;存回中间结果单元
    ADC     DX,0         ;高字加低字的进位
    MOV     CY,DX        ;暂存到 CY 单元
    INC     BX           ;指向中间结果的下一字
    INC     BX
    LOOP    NEXT1        ;循环
    CMP     DX,0         ;最后的高字是否为 0?
    JZ      NEXT2        ;是,则不处理
    INC     LEN          ;否,则长度加 1,
    MOV     [BUF+BX],DX  ;并且存高字
NEXT2:
    JMP     NEXT         ;继续外循环
NEXT3:
    MOV     BUF,1        ;0! =1,1! =1
EXIT:
    MOV     AH,4CH       ;返回 DOS
    INT     21H
CODE    ENDS
END     START
```

为了节省存储单元,可以将 LEN 和 CY 改为使用寄存器,请同学们自行修改,同学们还可以思考一下,如何将此程序从字阶乘改为字节阶乘,进而改为 BCD 码阶乘。

3.8 多字节乘法程序实验

3.8.1 实验目的

(1)掌握多字节二进制、BCD 码乘法运算程序的编程方法;

(2)掌握多字节二进制、BCD 码乘法运算程序的调试方法;

(3)熟练掌握双循环程序的编程方法,掌握循环的控制方法;

(4)掌握从算法到流程到编程的汇编语言程序设计方法;

(5)掌握汇编语言程序的调试方法。

3.8.2 实验准备

(1)读懂表 3.8 和表 3.9 程序,仔细理解多字节二进制、BCD 码乘法程序及阶乘程序的编程方法。

(2)按照实验内容要求修改程序。

(3)按照实验内容要求画好调试数据记录表,列出调试数据中的被乘数和乘数及 N 值,并进行人工计算。表 3.10 和表 3.11 是样例,其他表格自制。

3.8.3 必做实验

(1)对表 3.8 的多字节二进制乘法程序进行验证,将调试数据填入表 3.10 中。注意,在 DEBUG中用 E 命令写入被乘数和乘数的同时,必须对积单元清 0,否则得的结果是不正确的。

表 3.10 乘法程序调试数据记录(一)

程序功能				
编号	被乘数	乘数	人工计算 积	程序计算 积
1				
2				
3				
4				

(2)对表 3.9 的阶乘程序进行验证，将调试数据填入表 3.11 中。注意，虽然程序中的 N 是一个字，但验证时 N 只能取小于 1AH，因为电脑中的计算器做十六进制数计算时，最大数只有 4 个字。1AH 的阶乘结果超过 4 个字。

表 3.11 阶乘程序调试数据记录(一)

程序功能			
编号	N	人工计算 N!	程序计算 N!
1			
2			
3			

(3)将表 3.8 的多字节二进制乘法程序改为多字节非压缩型 BCD 码乘法程序，并进行调试验证，填写调试数据记录表。

(4)表 3.9 程序是以字计算为基础的，将此程序改为按字节计算，即 N 用 1 个字节表示，中间结果也按字节存储，并进行调试验证，填写调试数据记录。

(5)在(4)基础上，将程序改为按非压缩型 BCD 码计算，即 N 用 1 字节非压缩型 BCD 码表示(N≤9)，并进行调试验证，填写调试数据记录。

3.8.4 选做实验

(1)将表 3.8 程序改为求平方程序，并调试验证，填写调试数据记录。

(2)用连加法编写多字节乘多字节程序，并调试验证，填写调试数据记录。多字节的被乘数和乘数可以是二进制数、非压缩型 BCD 码、压缩型 BCD 码。

(3)按 3.7.1 讲述的计算原理，用部分积右移法编写多字节乘多字节程序，并调试验证，填写调试数据记录。

3.8.5 思考题

(1)在 3.7 节讨论的各种多字节乘法编程方法中，被乘数和乘数都是无符号数，若多字节的被乘数和乘数都是带符号数，则多字节乘法应如何编程？

(2)若被乘数和乘数都是多字节压缩型 BCD 码，能否编写乘法程序？如何编写？

(3)利用乘法程序能否编写出开平方程序？

习题

3.1 存储器寻址方式中的段替换实际上是一条一字节的指令前缀，按照 2.5 实验中段替换的格式，参考表 3.1 和图 3.1 分析方法，分析 4 个段替换符(CS:、DS:、ES:、SS:)指令前缀的机器码。

3.2 在机器码中，第一个字节是指令的操作码字节，参考表 3.1 和图 3.1 分析方法，用相同的操作，如 AX,BX 或 AL,BL 等，分析 MOV、ADD、ADC、SUB、SBB、CMP 指令的操作码字节。

3.3 在机器码中，第二个字节是指令的寻址方式字节，以双操作指令为例，对两个操作数都是寄存器的情况，分析在这个字节中是如何表示不同寄存器的。

3.4 编写一小程序段，实现以下功能：比较 AL 与 BL 中的 2 个无符号数，若相等则 AH 清 0；若 AL 大于 BL，则 AH 置 1；若 AL 小于 BL 则 AH 置－1。

3.5 设下列一段程序，因为"程序段 1"太长，汇编时"JC NEXT"指令报错"Jump out of range"，应如何修改？

```
CMP AL,BL
JC   NEXT
程序段 1
NEXT:
程序段 2
```

3.6 设 DX、AX 中存一个 32 位的带符号数，DX 是高 16 位，AX 是低 16 位，试求其绝对值，存放位置不变。

3.7 试用 MOV、ADD 等普通指令实现 XLAT 指令的功能。

3.8 试用 MOV、ADD 等普通指令实现 LES BX,[BX+SI]指令的功能。

3.9 试用 MOV、ADD 等普通指令实现 LDS BX,[BX+SI]指令的功能。

3.10 试用 CMP、MOV 等普通指令分别实现 CBW 指令和 CWD 指令的功能。

3.11 设一个 16 位带符号数存 BX 中，一个 16 位无符号数存 CX 中，试编写一小程序段，实现这两个数相乘，结果存 BX(高 16 位)，CX(低 16 位)中。

3.12 设一个 16 位带符号数存 BX 中，一个 16 位无符号数存 CX 中，试编写一小程序段，实现 BX 除以 CX，结果的商存 CX 中，余数存 BX 中。

3.13 试用 MOV、ADD、MUL 等普通指令实现 AAD 指令的功能。

3.14 试用 MOV、ADD、DIV 等普通指令实现 AAM 指令的功能。

第四章　代码转换程序

从前几章的论述中我们知道，在计算机中，定点数一般用二进制和 BCD 码两种机器数存储和计算，这两种机器数之间也就经常需要进行转换。本章主要讨论十六进制(二进制)数与 BCD 码之间转换的基本编程原理。在编程中，要用到逻辑运算指令和移位指令，所以本章先讨论这两类指令。

4.1　逻辑运算指令

逻辑运算指令的功能与数字电路中的门电路的功能相同，一个门电路进行 1 位二进制的逻辑操作，而一条逻辑运算指令可进行 8 位或 16 位的逻辑运算，相当于 8 个或 16 个门电路。与、或、异或三种门电路都是两输入的，所以相应的逻辑运算指令有两个操作数；非门是单输入的，所以相应的取反操作指令只有一个操作数。

4.1.1　双操作数逻辑运算指令

双操作数逻辑运算指令有与、或、异或三种。

```
指令格式:AND   dst,src   ;dst←dst∧src
         OR    dst,src   ;dst←dst∨src
         XOR   dst,src   ;dst←dst∀src
         TEST  dst,src   ;dst∧src
```

这 4 条双操作数逻辑运算指令能够使用的操作数组合与 ADD 等指令相同，即 MOV 指令中的①②③三种组合。对标志位的影响情况是：影响 ZF、SF 和 PF 三个标志位；CF 和 OF 清 0；AF 不确定。其中第四条指令称为测试指令，它的功能是对两个操作数做“与”操作，但不回送结果，仅用标志位对与结果进行判断。

根据逻辑代数的原理，对任意二进制位 x，以下等式成立：

x∧1＝x，x∧0＝0

x∨1＝1，x∨0＝x

x∀1＝/x，x∀0＝x

所以，用 AND 指令可以将一操作数的其中几位清 0，其他位保持不变；用 OR 指令可以将一操作数的其中几位置 1，其他位保持不变；用 XOR 指令可以将一操作数的其中几位取反，其他位保持不变。例如：

```
AND  AL,0FH;将 AL 的高 4 位清 0,低 4 位不变;
OR   AL,0FH;将 AL 的低 4 位置 1,高 4 位不变;
XOR  AL,0FH;将 AL 的低 4 位取反,高 4 位不变。
```

若要判断 AL 的低 4 位是否全为 0，则可以使用 TEST AL,0FH 指令，然后用 ZF 进行判断,若 ZF=1,则 AL 低 4 位全为 0,若 ZF=0,则 AL 低 4 位不全为 0。

4.1.2 单操作数逻辑运算指令

单操作数逻辑运算指令只有一条,即取反指令。

指令格式:NOT dst;dst←/dst

此指令的功能是"取反操作",即逻辑代数中的"非"操作。操作数可以是 reg 或 mem,对标志位不影响。算术运算指令中的 NEG 指令也可以认为是逻辑运算指令,因为它的功能是取反+1。

必须注意的是,2.3 节所介绍的逻辑运算操作符有 NOT、AND、OR、XOR 等,与本节介绍的逻辑运算指令的写法是一样的,这在程序中是不会混淆的。例如,若 X 是一个符号常量,则指令"AND AL,X AND 0FH"中,第一个 AND 是指令,第二个 AND 是操作符。

4.2 移位指令

高级语言中有左移右移的运算符,这些移位功能在汇编语言中就是用移位指令来实现的。移位指令分逻辑移位,算术移位、循环移位和带 CF 循环移位四种,每种移位指令又有左移和右移两种操作,所以共有 8 条移位指令。这些移位指令的操作码都用 3 个字母缩写表示,S 或 SH 表示移位,R 或 RO 表示循环移位,L 表示左移,R 表示右移,A 表示算术移位,C 表示带 CF 移位,同学们要注意区分和记忆。具体如下:

逻辑右移 SHR(SHift logical Right)

逻辑左移 SHL(SHift logical Left)

算术右移 SAR(Shift Arithmetic Right)

算术左移 SAL(Shift Arithmetic Left)

循环右移 ROR(ROtate Right)

循环左移 ROL(ROtate Left)

带 CF 循环右移 RCR(Rotate Right through Carry)

带 CF 循环左移 RCL(Rotate Left through Carry)

4.2.1 逻辑移位指令

逻辑右移的指令格式:SHR dst,cnt

逻辑左移的指令格式:SHL dst,cnt

4.2.2 算术移位指令

算术右移的指令格式:SAR dst,cnt

算术左移的指令格式:SAL dst,cnt

从形式看,这 4 条移位指令有两个操作数,实际上是单操作数指令,目的操作数 dst 可以是 reg 或 mem。cnt 是移位的位数,只能为 1 或寄存器 CL,也就是说若移位位数不是 1,只能用 CL 指定移位位数。这些指令主要影响 OF 标志位,当 cnt=1 时 OF 标志位有效,若移位后最高位发生了变化,则 OF=1,否则 OF=0;这些指令还影响 ZF、PF 和 SF,但 AF 是不确定的。

以上四条移位指令的功能如图 4.1 所示，可以看出逻辑左移 SHL 和算术左移 SAL 是等效的，都是将 0 移到目的操作数的最低位，目的操作数从低位到高位顺序移动 1 位，最高位移到 CF 中。逻辑右移 SHR 的功能是：目的操作数从高到低顺序移动 1 位，最低位移到 CF 中，最高位补 0。算术右移 SAR 功能与逻辑右移 SHR 的不同在于最高位的处理上，SAR 指令对最高位的处理是：除右移 1 位到次高位外，还移回最高位的位置，即保持最高位不变。这样处理的目的是使带符号数的符号位保持不变，所以才能实现算术右移的功能。以上 4 条移位指令对目的操作数是有破坏的，无法恢复原来的值，若要求移动若干次后使目的操作数恢复成原来的值，则要用下面介绍的循环移位指令。

根据二进制数的原理，左移 1 位即是×2 运算，右移 1 位即是÷2 运算，所以编程中可以用以上的移位指令实现单字节或单字×2、÷2、×4、÷4 等操作。若要进行多字节或多字的×2、÷2 操作，则要用下面介绍的带 CF 循环移位指令。

逻辑右移指令 SHR 可做无符号数÷2 的操作；算术右移指令 SAR 可做带符号÷2 的操作。除 2 操作可能有值为 1 的余数。要注意的是，若带符号数÷2 有余数，则使用 SAR 指令与使用 IDIV 指令得到的商和余数是不一样的。例如，做真值－53÷2 的运算时，若用 IDIV 命令，得商－26，余数－1；若用 SAR 指令，则得商－27，余数＋1。这两种结果数学上都是正确的，可根据编程需要选择。

逻辑左移 SHL 和算术左移指令 SAL 都可做无符号数或带符号数的×2 操作，但移位前的数的绝对值不能太大，否则出错。8 位无符号数必须小于 128 才能用左移做×2 操作，8 位带符号数绝对值必须小于 64 才能用左移做×2 操作。

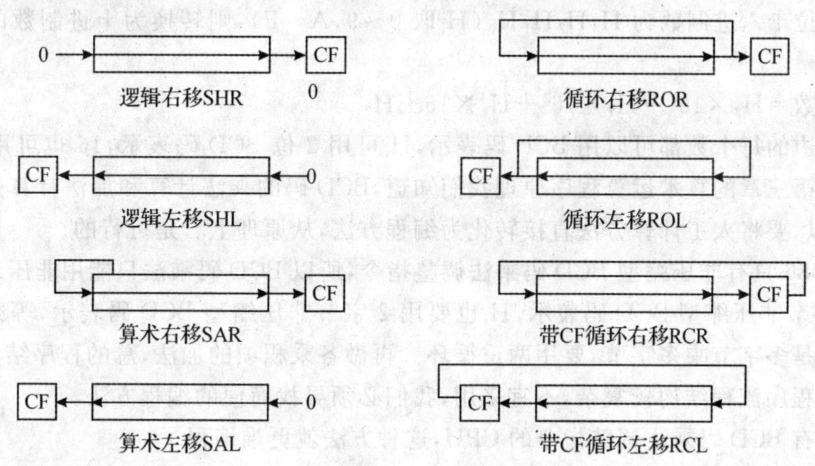

图 4.1 移位指令原理

4.2.3 循环移位指令

循环右移：ROR dst，cnt

循环左移：ROL dst，cnt

4.2.4 带 CF 循环移位指令

带 CF 循环右移：RCR dst，cnt

带 CF 循环左移：RCL dst，cnt

以上4条循环移位指令操作数的用法与移位指令相同。对OF标志位有影响，其余标志位无影响。当cnt=1时OF标志位有效，若移位后最高位发生了变化，则OF=1，否则OF=0。

循环移位指令的功能如图4.1所示，从图中可以看出，循环移位指令ROR和ROL移位8位或16位后操作数恢复原来的值；带CF的循环移位指令RCR和RCL移位9位或17位后操作数恢复原来的值，而且CF也恢复原来的值，所以循环移位指令对操作数是非破坏性的。

因为在带CF循环移位指令RCR和RCL中，CF同时与最高位和最低位进行移位，所以利用CF可以将一操作数的最高位(最低位)传递到另一操作数的最低位(最高位)上，因此对于多字节或多字操作数，连续使用带CF循环移位指令，就可实现多字节或多字的×2或÷2操作。

4.3 十六进制数转换为BCD码

要进行十六进制数转换为BCD码的计算，不管是采用人工计算的方法，还是采用编程方法，遵循的数学原理是一样的。所以我们从人工计算方法入手，研究转化为编程方法的可能性，并进一步探寻更为简便的编程方法。数制转换时，整数和小数必须分别进行，本节先讨论整数的转换问题，小数的转换原理在4.7节中讨论。

4.3.1 十六进制数转换为十进制数的人工计算方法

从第一章的论述中我们知道，十六进制数转换为十进制数的人工计算方法是按幂展开。设有一个4位十六进制数为$H_3H_2H_1H_0$(H_i取0～9，A～F)，则转换为十进制数的计算公式是：

$$\text{十进制数}=H_3\times16^3+H_2\times16^2+H_1\times16+H_0 \tag{4.1}$$

等式右边的每个数都可以用BCD码表示，H_i可用2位BCD码表示，16也可用2位BCD码表示。从第三章的算术运算程序原理我们知道，BCD码的乘法计算和加法计算是可以编程实现的，所以，要将人工计算方法直接转化为编程方法，从原理上看是可行的。

因为8086只有非压缩型BCD码乘法调整指令，所以BCD码乘法只能用非压缩型。这样16要用2字节非压缩型BCD码表示，H_i也要用2字节非压缩型BCD码表示，等式中的每个乘法运算都是多字节乘多字节，要用两重循环。再做各乘积项的加法，总的程序结构就是三重循环。这种程序流程结构较复杂，不宜采用，我们必须寻找简便的编程方法。

对于没有BCD码乘法调整指令的CPU，这种方法就更难编程了。

4.3.2 十六进制数转换为BCD码的编程方法

1. 除0AH取余法

下面我们换一种角度来研究十进制数与十六进制数之间的关系。设一个4位十六进制数，转换为5位十进制数(即BCD码)是D_4、D_3、D_2、D_1和D_0，则以下等式成立：

$$\text{十六进制数}=\text{十进制数}=D_4\times10^4+D_3\times10^3+D_2\times10^2+D_1\times10+D_0 \tag{4.2}$$

$$=D_4\times(0AH)^4+D_3\times(0AH)^3+D_2\times(0AH)^2+D_1\times(0AH)+D_0 \tag{4.3}$$

4.2式是十进制的形式，实际上就是数学上对十进制数的定义。十进制的10转换为十六进制是0AH，而D_i是0～9的数字，所以4.2式可以写成4.3式的等价十六进制形式。

按照4.3式，将一个十六进制数转换为(十进制数)BCD码，需要解决的问题转化为：已知一个十六进制数，求出式中的D_4、D_3、D_2、D_1和D_0。从4.3式可以看出，将十六进制数除以0AH，则得到的余数是BCD码的个位数D_0，将商再除以0AH，得到的余数是BCD码的十位数D_1，如此重复下去直至商等于0为止，就可以把BCD码的各位数全部求出。

一个4位十六进制数除以0AH的计算用一条除法就可以了，当然不能用16位÷8位的除法指令，要用32位÷16位的除法指令，因为除法计算后商会超过8位。用这种方法编写十六进制数转换为BCD码的程序只需一重循环即可，比4.3.1的方法简便得多。所以十六进制数转换为BCD码的编程一般都采用这种方法，这种方法可称为"除0AH取余法"。

这种方法的基本算法是将一个十六进制数除0AH，直至商等于0为止，所以，不管十六进制数的位数是多少，这种方法都是成立的。但是，如果十六进制数超过4位，则不能用一条除法指令进行除以0AH的计算。那么，在这种情况下，"除0AH取余法"还能使用吗？回答是肯定的。在3.5.2节中，我们用除法指令法编写了一个多字节除以1字节的程序，这个程序是一重循环的结构，可以用来代替一条指令进行除以0AH的运算。所以，程序的总体结构是两重循环，也比4.3.1的方法简便。

当要转换为BCD码的十六进制数的位数改变时，"除0AH取余法"只需修改被除数的字节数即可，所以这种方法是通用的。

对于没有除法指令或虽有除法指令但不适合做多字节除以1字节运算的CPU，多字节除以1字节可以使用"被除数左移法"的除法程序，这是一个双重循环程序，所以总体程序结构是三重循环。这种方法也是可行的。

2. 除幂取商法

我们继续对4.3进行变换，写成如下公式：

$$\text{十六进制数} = D_4 \times 10000 + D_3 \times 1000 + D_2 \times 100 + D_1 \times 10 + D_0$$

$$= D_4 \times 2710H + D_3 \times 03E8H + D_2 \times 64H + D_1 \times 0AH + D_0 \qquad (4.4)$$

从4.4可以看出，将十六进制数除以2710H(10000)，所得商为BCD码的万位数D_4，再将余数除以03E8H(1000)，所得商为BCD码的千位数D_3，再将余数除以64H(100)，所得商为BCD码的百位数D_2，再将余数除以0AH(10)，所得商为BCD码的十位数D_1，最后的余数为BCD码的个位数D_0。这种方法可称为"除幂取商法"。

对于4位十六进制数而言，编程时每次除法运算可以用一条32位÷16位的除法指令，所以程序的总体结构是一重循环。但是若十六制数是双字或更大，则除数相应地也变大除法指令就无能为力了，即使将3.5.2节的多字节除以一字节程序改进为多字除以一字程序也无法解决此问题，所以这种方法是不通用的。

因为这种方法中每次做除法运算时商最大不过9，所以可以用连减法来进行除法运算。对于没有除法指令的CPU，这种方法是一个很好的选择。

3. 连乘2法

"除0AH取余法"和"除幂取商法"所根据的数学原理实际上是一样的，都是将十六进制数在十进制下展开，而人工计算方法是直接按十六进制展开。那么如果将一个十六进制数按二进制展开，情况又会是怎样呢？能不能得到编程的方法呢？我们尝试着推理一下。

设一个4位十六进制数对应的二进制数从高位到低位分别为B_{15}、B_{14}、…、B_2、B_1、B_0，则如下等式成立：

$$十六进制数=B_{15}\times 2^{15}+B_{14}\times 2^{14}+\cdots+B_2\times 2^2+B_1\times 2+B_0$$
$$=(((((0\times 2+B_{15})\times 2+B_{14})\times 2+\cdots)\times 2+B_2)\times 2+B_1)\times 2+B_0 \quad (4.5)$$

在 4.5 式中，若能分步将每个括号中的部分式子在 BCD 码下进行计算，则从里到外计算到最后一个括号，就已把二进制数转换成了 BCD 码。

每个括号中的式子可以用以下方法进行计算：先用左移指令将 1 位二进制 B_i 移到 CF 中，再用带进位的加法指令就可以在进行×2 计算的同时，将此位加到部分结果中，最后用 DAA 指令调整后就是 BCD 码。

这种编程方法可称为“连乘 2 法”或“按二进制幂展开 BCD 码加法”，程序结构很简单，是一重循环结构。所以可以说，这种方法是最佳的方法。若十六进制数不止 4 位，则程序结构也只是两重循环。这种情况下，左移指令要改为一个内循环，对多字或多字节十六进制数进行左移，多字节 BCD 码加法运算也要改用一个内循环实现。这两个内循环不是嵌套的关系，而是并列关系，所以程序总体结构是两重循环。

这种方法不需要乘法指令、除法指令及 BCD 码乘法调整指令等，对几乎所有 CPU 都是适用的，因为压缩型 BCD 码加法调整指令 DAA 是 CPU 必备的指令。

4.3.3 除 0AH 取余法的十六进制转 BCD 码程序

下面的程序举例要完成的功能是：设 AX 中有一个十六进制数，将它转换为 4 位压缩型 BCD 码，结果还是存于 AX 中。程序清单如表 4.1 所示，程序流程如图 4.2 所示，设最后的 BCD 码结果是 5678H，则程序运行过程中 BX 的中间结果如图 4.3 所示。

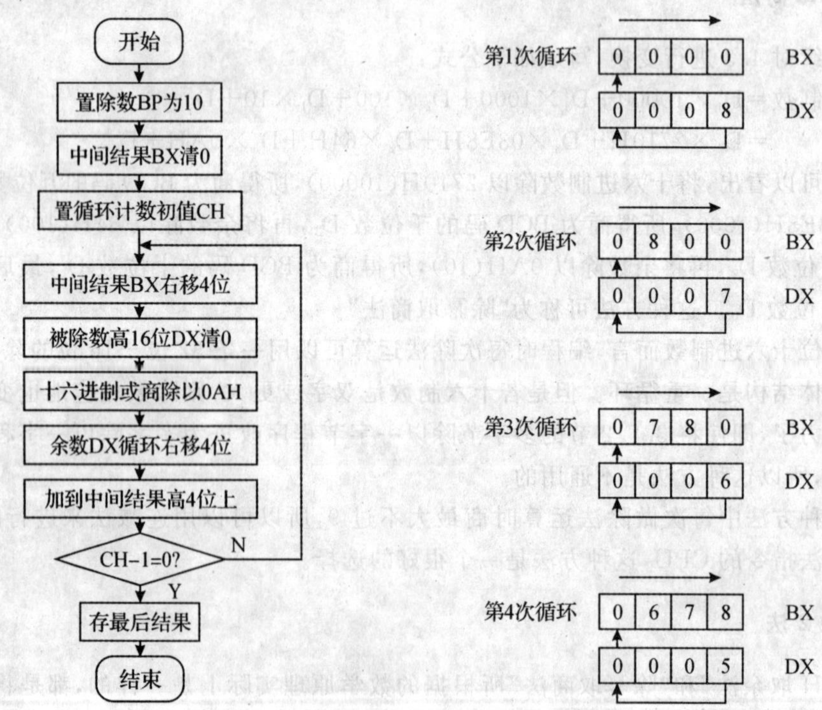

图 4.2 除 0AH 取余法流程　　图 4.3 除 0AH 取余法程序运行过程

这个程序的编程技巧主要体现在如何将 BCD 码结果拼成压缩型 BCD 码，而拼装压缩型

BCD码的关键在两条移位指令 SHR 和 ROR 及逻辑运算指令 OR 上。每次循环开始，先将暂存中间结果的BX右移4位(实际上就是BCD码右移1位)；AX除以0AH后，得的余数在DX的低4位上，循环右移4位后就移到了高4位上，其余位均为0；用逻辑或指令就把DX的高4位加到了BX的高4位上，BX的低12位不变，到此就完成了1位BCD码的转换。第1次循环时，得到的BCD码最低位存于BX的高4位上，随着后3次循环的右移，最后正好移到了最低4位上。

表 4.1 除 0AH 取余法的十六进制转 BCD 程序

```
CODE      SEGMENT
ASSUME    CS:CODE
START:
  MOV   BP,10          ;存除数 0AH
  XOR   BX,BX          ;存 BCD 码中间结果,初始值清 0
  MOV   CH,4           ;4 位 BCD 码,所以循环 4 次
NEXT:
  MOV   CL,4
  SHR   BX,CL          ;BCD 码中间结果右移 4 位
  MOV   DX,0           ;被除数高 16 位清 0
  DIV   BP             ;DX、AX(32 位)÷BP(16 位)
  MOV   CL,4
  ROR   DX,CL          ;余数从 DX 的最低 4 位位置移到最高 4 位位置
  OR    BX,DX          ;将余数加到中间结果 BX 中
  DEC   CH
  JNZ   NEXT           ;4 位 BCD 码未完,继续循环
  MOV   AX,BX          ;最后结果存到 AX 中
  MOV   AH,4CH
  INT   21H
CODE    ENDS
END     START
```

这个程序虽然很短，但是还是有很多问题值得思考。循环中两条移位指令的移位位数都是4，存CL中，也就是说CL是一直不变的。那么能不能把这2条移位指令前的“MOV CL,4”去掉，移到循环外呢？从原理上讲是可以的。但在实际编程中，若移位指令以CL为移位数，则一般前面都要用一条“MOV CL,x”指令指明移位的位数，这样做有两个好处，一是提高程序的可读性，使移位指令的移位位数一目了然；二是避免移位位数出错，因为若没有“MOV CL,x”，很容易误以为CL没有用，就在循环中其他地方使用CL，从而改变CL值，使移位位数出错。

还有一些问题比较简单，请同学们自己思考。通过这些问题的思考，同学们一方面可能加深对此程序原理及编程技巧的理解，另一方面还可以熟练掌握一些指令的功能用法。这些问题如下：

(1)除以0AH的运算使用了32位÷16位的除法指令，因为0AH是1字节的数据，用16位÷8位的除法指令可以吗？

(2)每次做除法运算前都要将DX清0，若不清0行吗？

(3)“SHR BX,CL”指令改为“SAR BX,CL”指令行吗？

改为“ROR BX,CL”或者“RCR BX,CL”行吗？

(4)“OR BX,DX”指令改为“ADD BX,DX”指令行吗？

当然，这个程序例子只是用“除0AH取余法”实现十六进制数转换为BCD码功能的基本程序，如果要求有所改变，同学们必须能够在此程序基础上进行修改。

(1)因为把最后的BCD码结果存于AX中，所以只能存4位BCD码，但若待转换的十六进制数较大，BCD码结果有5位。这种情况下，此程序的结果是有问题的，同学们在做实验进行验证时要特别注意，程序要能得到5位BCD才是完全正确的。

(2)如果不将BCD码结果存寄存器中，而是用非压缩型的形式存到数据段中，则程序中可省去一系列的移位操作，也不受BCD码位数的限制。在第三章的算术运算程序中，数据都是存在数据段中，同学们可参考那些程序对十六进制数转BCD码程序进行修改。

(3)若十六进制数不是4位，而是8位或更大，按前面的编程原理分析，我们知道，第三章的“除法指令法的除法程序”可以实现多字节除1字节(0AH)，用它代替此程序中的除法指令，就可以实现任意多字节的十六进制数转换为BCD码的功能，同学们要能把这两个程序有机地结合在一起。

4.3.4 连乘2法的十六进制转BCD码程序

下面我们来看看，同样要求将AX中的十六进制数转换为BCD码，用“连乘2法”如何编写程序。同学们可以好好比较理解这两个程序，从而掌握汇编语言程序设计的各种编程技巧。“连乘2法”的十六进制数转BCD码程序流程如图4.4所示，程序清单如表4.2所示。

按照前面分析的程序基本原理，4位十六进制转换为BCD码必须将此十六进制数按二进制左移16次，每次进行BCD码的加运算，所以程序的循环次数是16，用CX计数。因为BCD码加必须在AL中进行，所以十六进制数不能一直存在AX中，因此循环前将AX赋给BX，用BX进行十六进制数的移位。BCD码的高低字节都必须在AL中进行加法运算，也就是说AL要不断在BCD码高低字节间切换，所以不能用AX直接存BCD码的中间结果。程序中用DX暂存BCD码中间结果，所以循环前要清0。

循环中的关键算法是如何进行BCD码×2及加下一位二进制运算。循环中先将BX中的二进制数左移1位，把最高位移到CF中，将BCD码的低字节DL赋给AL后，用“ADC AL,AL”指令就可以在将BCD码低字节×2的同时加二进制数的下一位。BCD码高字节的处理方法类似，将BCD码高字节DH赋给AL后，用“ADC AL,AL”指令就可以在将BCD码高字节×2的同时加低字节的进位。当然每次加法后都要用DAA指令进行压缩型BCD码的调整。

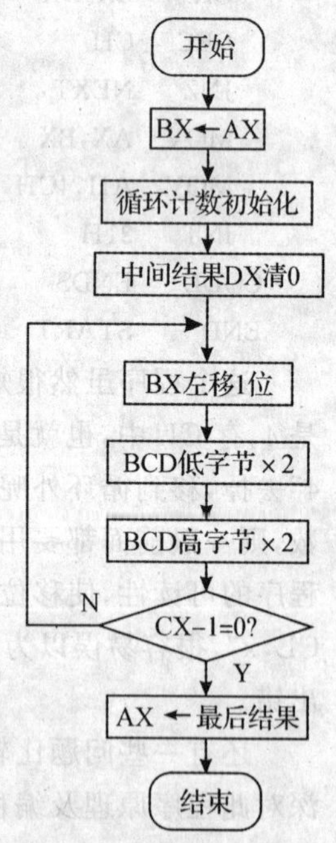

图4.4 连乘2法十六进制数转BCD码程序流程

表4.2 连乘2法十六进制转BCD程序

```
CODE      SEGMENT
ASSUME    CS:CODE
START:
  MOV   CX,16          ;4位十六进制数共要左移16次
  MOV   BX,AX          ;十六进制数存BX中进行移位
```

```
    XOR   DX,DX         ;DX存BCD码的中间结果,先清0
  NEXT:
    SHL   BX,1          ;十六进制数按二进制左移1位,即将最高位移到CF中
    MOV   AL,DL         ;取BCD码低字节到AL中准备BCD码加运算
    ADC   AL,AL         ;BCD码低字节×2,同时加二进制最高位
    DAA                 ;调整
    MOV   DL,AL         ;BCD码低字节存回DL
    MOV   AL,DH         ;取BCD码高字节到AL中准备BCD码加运算
    ADC   AL,AL         ;BCD码高字节×2,并加低字节的进位
    DAA                 ;调整
    MOV   DH,AL         ;BCD码高字节存回DH
    LOOP  NEXT          ;循环16次
    MOV   AX,DX         ;最后的BCD码结果存到AX中
    MOV   AH,4CH
    INT   21H
  CODE    ENDS
  END     START
```

表 4.2 程序是用“按二进制幂展开 BCD 码加法”实现十六进制数转换为 BCD 码的基本程序,同样存在待转换的十六进制不能太大的问题,同学们要思考如何解决这一问题。如果程序中要节省 DX,直接用 AX 存 BCD 码中间结果,则程序应如何修改?如果十六进制数是多字节或多字,则要将十六进制数和 BCD 码结果都存到数据段中,移位用一个循环实现,BCD 码加也用一个循环实现,程序修改请同学们自行完成。

4.4 十六进制数转 BCD 码程序实验

4.4.1 实验目的

(1)掌握十六进制数转换为 BCD 码程序的编程方法;

(2)掌握十六进制数转换为 BCD 码程序的调试方法;

(3)掌握逻辑运算指令和移位指令的功能和用法;

(4)熟练使用 DEBUG 中的命令进行程序调试。

4.4.2 实验准备

(1)读懂表 4.1 和表 4.2 程序,仔细理解十六进制数转换为 BCD 码程序的编程原理和方法。

(2)按照实验内容要求修改程序。

(3)按照实验内容要求画好调试数据记录表,列出调试数据中的十六进制数,并人工计算转换为 BCD 码。表 4.3 是一个样例,其他表格自制。

4.4.3 必做实验

(1)对表 4.2 的十六进制数转 BCD 码程序进行验证,将调试数据填入表 4.3 中。

表 4.3 十六进制数转 BCD 码程序调试数据记录(一)

程序功能			
编号	十六进制数	BCD 码	
		人工转换	程序转换
1			
2			
3			
4			

(2)对表 4.1 的十六进制数转 BCD 程序进行验证,填写调试数据记录表,分析结果,修改程序,使程序转换的 BCD 结果为 5 位。

(3)将表 4.1 程序改为结果 5 位非压缩型 BCD 码存数据段中,验证程序的正确性,填写调试数据记录。

(4)将表 4.2 程序改为结果 5 位压缩型 BCD 码存寄存器中,验证程序的正确性,填写调试数据记录。

再改为结果 5 位非压缩型 BCD 码存数据段中,验证程序的正确性,填写调试数据记录。

(5)修改表 4.2 程序,实现 8 位十六进制数转换为 10 位非压缩型 BCD 码的功能,十六进制数和 BCD 码均存数据段中,验证程序的正确性,填写调试数据记录。

4.4.4 选做实验

(1)修改表 4.1 程序,实现任意位数十六进制数转换为非压缩型 BCD 码的功能,十六进制数和 BCD 码均存数据段中,验证程序的正确性,填写调试数据记录。

(2)用"除幂取商法"编写十六进制数转换为 BCD 码程序,并调试验证,填写调试数据记录。

4.4.5 思考题

(1)在 4.3 节中讨论的各种十六进制数转换为 BCD 码的编程原理中,十六进制是无符号数,若十六进制数是带符号数,则应如何处理?

(2)在 4.3 节我们说"连乘 2 法",即"按二进制幂展开 BCD 码加法"是十六进制数转换为 BCD 码的最简单和最通用的编程方法,但此方法要用到 BCD 码加法调整指令 DAA 或 AAA,对于没有这两条指令的 CPU,这种方法还能使用吗?若要使用此方法,应如何编程呢?

4.5 BCD 码转换为十六进制数

在 4.3 节中我们从人工计算方法入手,推导十六进制数转换为 BCD 码的编程方法。在本节,我们还是按照同样的思路,先讨论十进制数转换为十六进制数的人工计算方法的数学原理,再探讨将此方法转化为编程方法的可能性,最后得出 BCD 码转换为十六进制数最简便编程方法。

4.5.1 十进制数转换为十六进制数的人工计算方法

从第一章的论述中我们知道，十进制数转换为十六进制数(二进制数)的人工计算方法是除16取余法(除2取余法)。按照4.1式，就是已知一个十进制数，要求出 H_3、H_2、H_1 和 H_0。将十进制数除以16，所得余数为十六进制数的最低位 H_0，将商继续除以16，所得余数为十六进制数的次低位 H_1，以此类推，直至最后商为0为止。

若要用此方法编程，则要先编出一个多位BCD码除以2位BCD码的除法程序。因为十进制数在计算机中要用BCD码表示，所以除数16也要用BCD码表示。从第三章的论述我们知道，BCD码除法只能用非压缩型，而且除数只能是1个字节的非压缩BCD码，而十进制数16用非压缩BCD码表示需二个字节。所以第三章的BCD码除法程序不能用，而被除数左移法的除法程序只适用于二进制除法，不适用于BCD码除法。所以要编写多位BCD码除以2位BCD码的除法程序是非常困难的。所以我们必须寻求较简便的方法。

两种除法程序的方法都不能用了，那么“连减法”的除法程序能不能在这里进行BCD码的除法运算呢？将“除16取余法”转化为“除幂取商法”后，则“连减法”就可以用来进行BCD码的除法运算了。对4.1式进行转换可得：

$$十进制数=H_3\times4096+H_2\times256+H_1\times16+H_0 \tag{4.6}$$

从4.6式可以看出，将十进制数除4096，所得的商是十六进制数的最高位 H_3，余数再除以256，所得的商是十六进制数的最次高位 H_2，余数再除以16，所得的商是十六进制数的 H_1 位，最后的余数是十六进制数的最低位 H_0。因为每次除法运算的商不超过0FH(15)，所以用“连减法”进行除法运算是合适的选择，要注意的是相减的两个数是BCD码，得的商要用十六制数表示。这种方法的编程请同学们自行完成。

4.5.2 BCD码转换为十六进制数的编程方法

1. 按幂展开法

按照4.4式，BCD码转换为十六进制数，实际上就是已知 D_4、D_3、D_2、D_1、D_0，求对应的十六进制数。这个式子的计算是比较容易的，每项乘法运算可用一条乘法指令，再将各乘积项相加即可。但若BCD码的位数增加，式中的乘法运算无法用一条乘法指令实现，所以这种方法通用性较差。

当然，这种方法有一个优点，就是对于没有乘法指令的CPU，可以用“连加法”进行乘法运算。计算过程是这样的：先将十六进制数单元清0，用D4位控制加2710H(10000)的循环次数，用D3位控制加03E8H(1000)的循环次数，依此类推，最后加上D0位。

以上两种BCD码转换为十六进制数的方法都可称为“按幂展开法”，请同学们分别用这两种方法，自行编程练习。

2. 连乘0AH法

将4.3式稍加变换，可得到以下式子：

$$十六进制数=((((0\times0AH+D_4)\times0AH+D_3)\times0AH+D_2)\times0AH+D_1)\times0AH+D_0 \tag{4.7}$$

将此式在十六进制下进行计算，得到的结果当然就是十六制数了。每个括号中要做的计算是一样的，将中间结果乘0AH，再加下一位。所以整个式子用一重循环结构就可实现。

若BCD码的位数增加，则十六进制结果也要相应地从1个字增加为双字或更大，但程序结构不变，只需增加循环次数。所以“连乘0AH法”是一种通用性强的编程方法，是进行BCD码转换为十六进制数编程的首选。对于没有乘法指令的CPU，乘0AH的计算可以用移位指令实现。

4.5.3 连乘0AH法的BCD码转十六进制数程序

表4.4程序的功能是将AX中的4位BCD码转换为十六进制数，结果存AX中，采用“连乘0AH法”。程序流程如图4.5所示，设AX中待转换的BCD码为2468H，程序运行过程的原理如图4.6所示，十六进制数的最后结果是09A4H。

因为假定BCD码只有4位，所以循环次数是4次。程序的关键是如何从BX中取出1位BCD码。对BX循环左移4位，就将BCD码的最高位移到最低位的位置，赋给DX后用逻辑运算指令保留最低4位。这时DX中的值就是取出的1位BCD码，加到已乘过0AH的AX中，就完成了一次循环的运算。

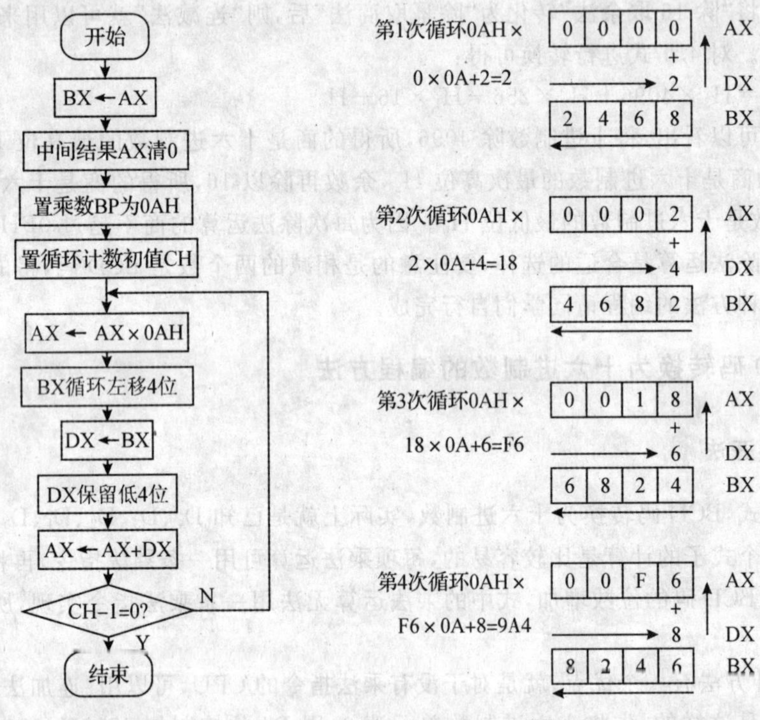

图4.5 连乘OAH法流程　　**图4.6 连乘OAH法程序运行过程**

表4.4 连乘0AH法BCD转十六制程序

```
CODE      SEGMENT
ASSUME    CS:CODE
START:
  MOV  BX,AX            ;BCD码暂存到BX
  MOV  AX,0             ;AX存十六进制结果,初始值清0
  MOV  BP,10            ;0AH存BP中,作乘数
  MOV  CH,4             ;连乘0AH要循环4次
NEXT:
```

```
    MUL   BP            ;AX←AX×0AH
    MOV   CL,4
    ROL   BX,CL         ;BX 循环左移 4 位
    MOV   DX,BX
    AND   DX,0FH        ;取 BCD 码 1 位
    ADD   AX,DX         ;AX←AX+Di
    DEC   CH
    JNZ   NEXT          ;4 位 BCD 码未完,继续循环
    MOV   AH,4CH
    INT   21H
CODE    ENDS
END     START
```

针对表 4.4 的 BCD 码转换为十六进制数的程序,请同学们思考以下问题:

(1)此程序用 BP 寄存器存乘数 0AH,若要节省这个寄存器,程序应如何修改?

(2)此程序只能实现 4 位压缩型 BCD 码转换为十六进制数的功能,若 BCD 码是存于数据段中的 5 位非压缩型 BCD 码,程序应如何修改?关键是处理好 1 字节非压缩型 BCD 码与 1 字的十六进制中间结果的相加。

(3)若 BCD 码扩大到 10 位,即十六进制结果是双字,则程序又该如何修改?这时关键是要处理好双字乘 0AH 的运算。

(4)在解决了 2、3 两个问题的基础上,将 BCD 码转换为十六进制数的程序修改成完全通用的程序,即 BCD 码位数是任意的,BCD 码和十六进制数均存数据段中。

4.6 BCD 码转十六进制数程序实验

4.6.1 实验目的

(1)掌握 BCD 码转换为十六进制数程序的编程方法;

(2)掌握 BCD 码转换为十六进制数程序的调试方法;

(3)熟练掌握逻辑运算指令和移位指令的功能和用法;

(4)熟练使用 DEBUG 中的命令进行程序调试。

4.6.2 实验准备

(1)读懂表 4.4 程序,仔细理解 BCD 码转换为十六进制数程序的编程原理和方法。

(2)按照实验内容要求修改程序。

(3)按照实验内容要求画好调试数据记录表,列出调试数据中的 BCD 码,并人工计算转换为十六进制数。表 4.5 是一个样例,其他表格自制。

4.6.3 必做实验

(1)对表 4.4 的 BCD 码转十六进制数程序进行验证,将调试数据填入表 4.5 中。

表 4.5　BCD 码转十六进制数程序调试数据记录(一)

程序功能			
编号	BCD 码	十六进制数	
		人工转换	程序转换
1			
2			
3			
4			

(2)修改表 4.4 程序,将数据段中的 5 位非压缩型 BCD 码转换为 4 位十六进制数,存 AX 中,0AH 改用 DX 暂存。验证程序的正确性,填写调试数据记录。

(3)修改表 4.4 程序,将数据段中的 10 位非压缩型 BCD 码转换为 8 位十六进制数,结果存数据段中。验证程序的正确性,填写调试数据记录。

(4)用"按幂展开法"编写 5 位非压缩型 BCD 码转换为 4 位十六进制数的程序,十六进制数和 BCD 码均存数据段中,其中的乘法运算可用乘法指令或"连加法"实现。验证程序的正确性,填写调试数据记录。

4.6.4　选做实验

(1)用"除幂取商法"编写 BCD 码转换为十六进制数的程序,其中除法采用 BCD 码"连减法",并调试验证,填写调试数据记录。

(2)修改表 4.4 程序,实现任意位数非压缩型 BCD 码转换为十六进制数的功能,十六进制数和 BCD 码均存数据段中,验证程序的正确性,填写调试数据记录。

4.6.5　思考题

按 4.6 式,可以用"除幂取商法"实现 BCD 码转换为十六进制数的编程,这个方法实际上将 BCD 码用十六进制按幂展开,若将 BCD 码用二进制按幂展开,即按 4.5 式,能否编出 BCD 码转换为十六进制数的程序呢？若能,试比较以上两种方法,哪种效率更高？

4.7　十六进制数与 BCD 码转换方法总结

本章的前几节讨论了十六进制数整数与 BCD 码整数之间转换的原理与编程,本节先对整数转换的编程方法进行总结,然后用同样的思路分析小数转换的原理与编程方法。具体编程实现由同学们自行完成。

4.7.1　整数转换编程方法的数学原理分析

从数学意义上看,十进制、十六进制和二进制整数可分别用以下式子表示:

十进制整数 $=D_4\times10^4+D_3\times10^3+D_2\times10^2+D_1\times10+D_0$

十六进制整数 $=H_3\times16^3+H_2\times16^2+H_1\times16+H_0$

二进制整数 $=B_{15}\times2^{15}+B_{14}\times2^{14}+\cdots+B_2\times2^2+B_1\times2+B_0$

将以上三个式子用等号连接在一起，已知一种数求另一种数的过程就是数制转换。要将十进制整数(即 BCD 码)转换为十六进制(或二进制)整数，就是已知 D_4、D_3、D_2、D_1 和 D_0，求 H_3、H_2、H_1 和 H_0(或 B_{15}、B_{14}、B_{13}、…、B_2、B_1 和 B_0)；要将十六进制(或二进制)整数转换为十进制整数(即 BCD 码)，就是已知 H_3、H_2、H_1 和 H_0(或 B_{15}、B_{14}、B_{13}、…、B_2、B_1 和 B_0)，求 D_4、D_3、D_2、D_1 和 D_0。

为了简化编程，可以对以上数学公式进行等价变换，这是一个重要的思路。

我们把前面讨论过的 BCD 码与十六进制数转换的人工转换方法和各种编程方法列在一起，并列出了每种方法遵循的数学原理，如图 4.7 所示。通过这个图表，同学们可以仔细比较和理解十六进制数与 BCD 码整数转换的编程方法的数学原理。

编程方法或人工方法	数学原理	
人工方法:按幂展开	十六进制数按十六进制展开	十六进制数转换为 BCD 码
编程方法:		
1. 除 0AH 取余法	十六进制数在十进制下展开	
2. 除幂取商法	十六进制数在十进制下展开	
3. 连乘 2 法	十六进制数在二进制下展开	
人工方法:除 16 取余法	十进制数按十六进制展开	BCD 码转换为十六进制数
编程方法:		
1. 按幂展开法	十进制数在十进制下展开	
2. 连乘 0AH 法	十进制数在十进制下展开	
3. ???	???	

图 4.7　整数转换的数学原理

从图 4.7 可以看出，实际上，十六进制数转换为 BCD 码的各种方法是将十六进制数在不同进制下展开；BCD 码转换为十六进制数也是将十进制数在不同进制下展开。据此，同学们可以思考图中的问号，即，BCD 码转换为十六制数有否第 3 种编程方法？如果有，这种方法要遵循什么数学原理？应如何编程？

4.7.2　整数转换编程方法与人工转换方法比较

人工转换方法和编程方法遵循的数学原理是完全一样的，但实际采用的方法却大相径庭，为了直观比较两者的不同和联系，图 4.8 列出了人工转换方法和主要编程方法。

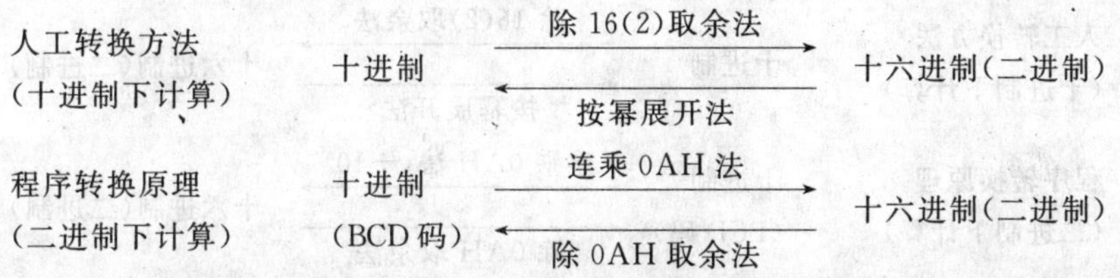

图 4.8　整数人工转换和编程方法比较

从图中可以看出，十进制转换为十六进制人工转换的“除 16 取余法”与十六进制转换为 BCD 码编程方法的“除 0AH 取余法”是一样的方法；十六进制转换为十进制人工转换的“按幂展开法”与 BCD 码转换为十六进制编程方法的“连乘 0AH 法”也是一样的方法，所以实际上，人工转换方法和编程方法正好互换使用。

这里有两个问题要理解清楚，一是为什么可以这样做？二是为什么要这样做？

从数学原理角度看，除“逢十六进一”或“逢十进一”这点不同外，十六进制和十进制数的原理是完全一样的。所以，十六进制转十进制有“按幂展开”的方法，则十进制转十六进制也应该有“按幂展开”的方法，编程方法中的“连乘 OAH 法”实际上就是在十六进制下对 BCD 码进行按幂展开。十进制转换十六进制有“除 16 取余法”，则十六进制转换十进制也应该有“除 0AH 取余法”。这就回答了第一个问题。

下面回答第二个问题。因为人们比较习惯十进制的计算，所以人工转换是在十进制下进行计算；而程序比较擅长二进制的计算，所以程序转换尽量在二进制下进行。因此程序转换时不是直接采用人工转换的方法，而是分别采用了“连乘 0AH 法”和“除 0AH 取余法”，因为这两种方法都是在二进制下计算，编程较为简便。

4.7.3 小数转换编程方法分析

从数学意义上看，十进制数和十六进制数小数可分别用以下式子表示：

十进制小数$=D_{-1}\times10^{-1}+D_{-2}\times10^{-2}+D_{-3}\times10^{-3}+D_{-4}\times10^{-4}+D_{-5}\times10^{-5}$

十六进制小数$=H_{-1}\times16^{-1}+H_{-2}\times16^{-2}+H_{-3}\times16^{-3}+H_{-4}\times16^{-4}$

与整数转换的原理一样，要将十进制小数(即 BCD 码)转换为十六进制小数，就是已知 D_{-1}、D_{-2}、D_{-3}、D_{-4} 和 D_{-5}，求 H_{-1}、H_{-2}、H_{-3} 和 H_{-4}；要将十六进制小数转换为十进制小数(即 BCD 码)，就是已知 H_{-1}、H_{-2}、H_{-3} 和 H_{-4}，求 D_{-1}、D_{-2}、D_{-3}、D_{-4} 和 D_{-5}。

十六进制小数与十进制小数(即 BCD 码)之间转换的人工转换方法与编程方法的比较如图 4.9 所示。十进制小数转换为十六进制小数的人工转换方法是“乘 16 取整法”，十六进制小数转换为十进制小数的人工转换方法是“按幂展开”。

从以上整数转换方法的讨论知道，这两种方法肯定不能直接在编程方法中应用，而是应该交换使用。所以，十六进制小数转换为十进制(BCD)小数的编程方法是“乘 0AH 取整法”；十进制(BCD)小数转换为十六进制小数的编程方法可参照人工的“按幂展开法”，得到“连乘 0AH 法”。设连乘了 n 次 0AH，就是将十进制(BCD)小数扩大了 10^n 倍，将连乘 0AH 所得的结果除以 10^n 所对应的十六进制数，即可得到对应的十六进制小数。例如，用人工方法将十进制 0.56 转换为十六进制是 0.8FH，用编程方法转换的过程是这样的：

两次连乘 0AH 得$(0\times0AH+5)\times0AH+6=38H$，扩大了 100(64H)倍，十六进制 3800H/64H=8FH，所以 38H/64H=0.8FH，这个结果与人工转换结果是一样。

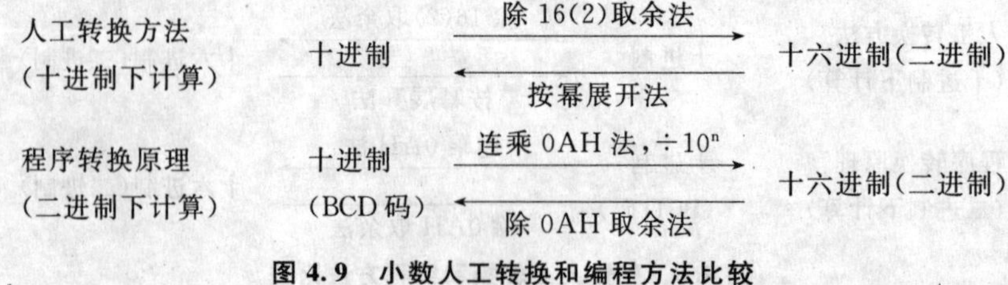

图 4.9 小数人工转换和编程方法比较

习题

4.1 用分别一条指令实现以下功能：

(1)将 AL 的 D0、D2、D4、D6 位清 0，其他位不变；

(2)将 AL 的 D0、D2、D4、D6 位置 1,其他位不变;

(3)将 AL 的 D0、D2、D4、D6 位取反,其他位不变。

4.2 用一条指令将 AX 清 0,采用尽量多的方法。

4.3 用 3 种不同的方法实现 AX 乘 2 结果存 AX 的功能。

4.4 编写一小程序段,实现以下功能:若 AL 高 4 位全为 1,则置 AH 为 1;若 AL 高 4 位不全为 1,则清零 AH。

4.5 设数据段有一个 4 字节的变量,从低到高分别是 X1、X2、X3 和 X4,求其绝对值,存回原单元,至少用两种方法。

4.6 设数据段有一个 4 字节的变量,从低到高分别是 X1、X2、X3 和 X4,将此变量乘 2 存回原单元。

4.7 编写一小程序,实现以下功能:统计 AX 中 1 的位数,存入 CL 寄存器中。

4.8 用移位指令实现 AX×10 结果存 AX 的功能。

4.9 试用 MOV、ADD、CMP、AND 等普通指令实现 AAA 指令的功能。

4.10 试用 MOV、ADD、CMP、AND 等普通指令实现 DAA 指令的功能。

4.11 试用 MOV、ADD、CMP、AND 等普通指令实现 AAS 指令的功能。

4.12 试用 MOV、ADD、CMP、AND 等普通指令实现 DAS 指令的功能。

第五章 系统调用程序

前两章的程序都是直接在寄存器或存储单元中输入数据，运行程序后也是在寄存器或存储单元中检查结果。实用程序经常要从键盘输入数据，在屏幕显示结果，或将原始数据及结果都以文件的形式存储在硬盘上。这些功能必须利用系统提供的调用才能实现。DOS 操作系统提供的系统调用有 DOS 功能调用和 BIOS 中断调用两种。本章讨论这些调用的原理与应用。

5.1 功能调用和中断调用

5.1.1 中断指令和中断返回指令

系统的功能调用和中断调用都是用中断指令实现的，所以我们先讨论中断指令和中断返回指令的格式与功能。

```
中断指令格式:INT n   ;SP←SP－2,[SP]←FLAGS,
                      SP←SP－2,[SP]←CS,
                      SP←SP－2,[SP]←IP,
                      IP←[n×4],CS←[n×4＋2]
中断返回指令格式:IRET  ;IP←[SP],SP←SP＋2,
                      CS←[SP],SP←SP＋2,
                      FLAGS←[SP],SP←SP＋2
```

中断指令的操作数 n 称为中断类型码，是一个 8 位的无符号数，取值范围为 0～FFH。中断指令先将标志寄存器、代码段寄存器 CS 和指令指针 IP 顺序压入堆栈保护，即相当于执行了三条 PUSH 指令；然后根据中断类型码 n 在物理地址 0～3FFH 的范围内查找子程序的入口地址，将子程序入口地址赋给 IP 和 CS，从而实现子程序调用。

在用中断指令调用的子程序中，要返回主程序必须用中断返回指令 IRET。IRET 指令的功能是 INT n 指令功能的逆过程，即从堆栈顶部按顺序取出数据赋给 IP、CS 和标志寄存器，即相当于执行了三条 POP 指令，从而实现返回主程序的功能。

中断指令和中断返回指令对标志位都是没有影响的。

5.1.2 功能调用

DOS 操作系统利用中断指令提供系统功能，供应用程序调用，其中，中断类型码 n＝21H 的中断功能是功能调用。INT 21H 实际上是一个功能强大的子程序，共有 90 多种不同的功能，可分为字符输入/输出、文件管理、内存管理、作业管理和其他资源管理 5 大类。

DOS 功能调用的使用方法是：(1)将所要调用功能的功能号赋给 AH；(2)根据所要调用

功能的要求将入口参数赋给相应的寄存器；(3)用 INT 21H 调用此功能；(4)使用出口参数寄存器。

实际上在前几章的程序中，我们一直在使用 AH＝4CH 的功能调用，这是程序正常结束，返回 DOS 的功能。

5.1.3 中断调用

中断类型码 n＝0～1FH 的中断功能是 BIOS(基本输入/输出系统)中断调用，其中 n＝0～0FH 是硬件中断；n＝10～17H 是设备驱动程序；n＝18～1FH 是特殊中断功能。BIOS 中断调用的使用方法原理与功能调用的使用方法相同：功能号赋给 AH，入口参数赋给相应寄存器，然后执行 INT n 指令，最后可以使用出口参数。

在本章只讨论最常用键盘输入、屏幕显示的功能调用。其他的功能调用和中断调用原理和使用方法完全一样，请同学们自行查阅相关资料或书籍。

5.2 键盘输入和屏幕显示功能调用

在系统提供的功能调用中，最常用的是键盘输入和屏幕显示功能。

5.2.1 键盘输入功能调用

键盘输入的功能调用共有 7 条，如表 5.1 所示，表中返回参数栏中的字符是 ASCII。

表 5.1 键盘输入功能调用

AH	功能	调用参数	返回参数	显示	检^C	等待
1	输入一个字符		AL＝字符(ASCII)	√	√	√
6	读键盘字符	DL＝0FFH	有按键则 AL＝字符 无按键则 AL＝0	×	×	×
7	输入一个字符		AL＝字符(ASCII)	×	×	√
8	输入一个字符		AL＝字符(ASCII)	×	√	√
A	输入字符串	DS:DX＝缓冲区首址	在数据段中	√	√	√
B	读键盘状态		有按键则 AL＝0FFH 无按键则 AL＝0	×	√	×
C	清除键盘缓冲区 并调用键盘功能	AL＝键盘功能号 (1,6,7,8,A)				

DOS 操作系统在内存中开辟了一个键盘缓冲区，用来存储按键相应的代码。键盘缓冲区是一个先进先出的环形缓冲区，用存入指针和读取指针两个指针对缓冲区进行操作，有按键时，用存入指针将按键对应的代码存入缓冲区中，然后存入指针加 1。键盘输入的各种功能实际上都是从此缓冲区读取按键的 ASCII，若此缓冲区是空的，则当成没有按键，若缓冲区中有多个按键代码，则读取第一个代码，然后读取指针加 1。

从表 5.1 可以看出，AH＝1、7 和 8 的功能调用都是从键盘上输入一个字符，并且都有“等待”的功能。“等待”功能就是：若缓冲区是空的，则此键盘功能调用就一直等待，到有一个按键后才结束功能调用的运行，返回调用此功能的主程序。AH＝6 和 AH＝0BH 的功能调用没有

“等待”的功能，所以调用此功能后，不管什么情况，都会马上返回主程序，若缓冲区空，则得到的返回参数是 AL=0，若缓冲区不空，则返回参数是 AL=按键的 ASCII。

各种键盘输入的功能调用在是否“显示”和是否“检^C”这两项功能上是不一样的。“显示”功能就是将按键的 ASCII 显示在屏幕上，“检^C”功能是终止功能调用的运行，返回系统，操作方法是按住“Ctrl”键，再按“C”键或“Break”键，然后同时松开。这两种功能可根据实际应用程序的要求选用。

AH=0AH 的功能是输入字符串的功能，即一次输入多个字符，用回车键结束。使用这个字符串输入功能时，必须先在数据段中定义一个字符串输入的缓冲区，并在第 1 字节指定要输入的最多字符数。字符串输入缓冲区的格式如下：

```
BUF DB 15
    DB ?
    DB 15 DUP(?)
```

第 1 个字节的 15 是要输入的是最多字符数，若按键超过此数量，则系统不接受新的输入，并响铃警告。此数量包括最后的回车键，所以实际最多只能输入 14 个按键。字符串输入缓冲区的第 1 字节若为 0，则字符串输入功能调用不输入任何字符马上返回，若为 1，则只能输入一个回车键。因为用一个字节表示最多输入字符数，最大为 255，所以，不包括回车符，调用一次字符串输入功能最多能输入 254 个字符。

字符串输入缓冲区的第 2 个字节是实际输入的字符数，不包括回车符，由系统根据键盘输入情况填入。主程序中可用此值作为循环计数，对输入的每个字符进行处理。字符串输入缓冲区从第 3 个字节开始由系统填入输入的按键的 ASCII，最后一个字节肯定是回车符(0DH)。

字符串输入功能的调用参数是用 DS:DX 指向字符串输入缓冲区的首地址，返回时 DS 和 DX 的值是不变的。这里要注意，字符串输入缓冲区与键盘缓冲区是不同的两个缓冲区，前者必须在程序中由编程者自行定义和使用；后者由 DOS 操作系统定义和使用，对编程者来说是“透明的”，编程者只要理解其基本原理就行了。

操作系统中键盘缓冲区的设置大大方便了键盘输入的操作和编程，但也带来了一些问题。假设，在一个实用程序中，有一段程序顺序完成以下功能：①屏幕显示一行信息，提示操作者输入数据或字符的意义和范围等；②调用键盘输入功能，等待操作者按键；③清屏幕以便显示其他信息，并根据输入的不同进行不行的操作。这种结构的程序是很常见的。

在屏幕显示提示信息前，若操作者无意间敲击了键盘，则程序执行到键盘输入时马上从键盘缓冲区中得到输入按键，程序很快就执行到第③个步骤，则屏幕上显示的提示信息一闪而过，操作者根本看不清或看不到，而刚才无意间的键盘输入也很可能是错误的，从而造成程序运行错误。

解决这种问题的办法是，在调用一个键盘输入功能时，使之前的按键无效，也就是将键盘缓冲区清除。为此，DOS 操作系统设计了功能号 AH=0CH 的键盘输入调用，能在清除缓冲区的同时，调用一个键盘输入功能，这个输入功能号当成调用参数存 AL 中。

5.2.2 屏幕显示功能调用

屏幕显示有文本方式和图形方式两种，大部分屏幕显示功能是以中断调用 INT 10H 的形式提供的。本小节只讨论以文本方式显示的功能调用。在文本方式中，光标位置就是当前要显示字符的位置，系统自动保存光标的行号和列号，并根据显示变化修改光标的行号和列号。

屏幕显示的功能调用共有 3 条，如表 5.2 所示，表中调用参数栏中的字符是 ASCII。

表 5.2 屏幕显示功能调用

AH	功能	调用参数	检 ^C
2	显示一个字符	DL＝字符（ASCII）	√
6	显示一个字符	DL＝字符（ASCII）	×
9	显示字符串	DS:DX＝字符串首地址，串必须以“$”结束。	√

AH＝02H 的功能调用将一个 ASCII 对应的字符显示在屏幕上当前光标位置上，光标往右移动一个字符位置，即光标的列号加 1，调用参数 DL 存要显示的字符的 ASCII。AH＝06H 的功能调用实际上同时具有屏幕显示和键盘输入的功能，若调用参数 DL≠0FFH，是屏幕显示的功能，将 DL 中的 ASCII 对应的字符显示在屏幕上；若调用参数 DL＝0FFH，则是键盘输入功能，如 5.2.1 小节所述。

如果一次要显示多个字符，可以用循环使用 AH＝02H 的显示功能，也可以用 AH＝09H 的字符串显示功能。使用 AH＝09H 的字符串显示功能时，要在数据段中定义一个变量，存储要显示的字符串，将此变量的段地址和偏移地址赋给 DS 段寄存器和 DX 寄存器作为调用参数。要显示的字符串的最后一个字符必须是“$”，“$”本身是不显示的，也就是说，AH＝09H 的字符串显示功能是从 DS:DX 指定的首地址开始按顺序取出 ASCII 显示，直至碰到一个“$”（ASCII 为 24H）为止。所以，使用 AH＝09H 的字符串显示功能时，要特别注意一定要在字符串的末尾加“$”，否则，可能造成屏幕显示混乱或显示不止。

5.2.3 常用 ASCII

键盘输入和屏幕显示都必须使用 ASCII，文本文件也是用 ASCII 进行存储和传输。表 5.3 是常用的 ASCII，必须熟记。

表 5.3 常用 ASCII

字符	ASCII	字符	ASCII
响铃符 BEL	07H	$	24H
退格符 BS	08H	数字 0～9	30H～39H
换行符 LF	0AH	大写字母 A～Z	41H～5AH
回车符 CR	0DH	小写字母 a～z	61H～7AH
空格符 SF	20H		

表 5.3 中的大写、小写字母、数字、空格及“$”在第二章的实验中已经用过，同学们应该已经很熟悉，这些 ASCII 都是可显示的字符。

00H～1FH 的 ASCII 是不可显示的，作为特殊符号使用。这些不可显示的 ASCII 有以下几类功能：屏幕操作控制，打印机操作控制，文本文件中的特殊标记及通信设备控制等。

07H 是响铃符，在屏幕上显示此符号，则实际上屏幕上无显示，但电脑的蜂鸣器会发出一个短促的提示音。响铃符在实际编程中是很有用处的，例如，当程序判断到键盘输入有错误时，除了用字符串显示功能显示错误信息外，还可以用响铃符让蜂鸣器发声，引起操作者的注意。5.2.1 的字符串输入功能中，当输入字符数超过了最大字符数时，蜂鸣器会出警告音，实际上就是因为系统调用了显示响铃符的功能。

08H 是退格符，键盘输入此字符的功能是删除光标前的一个字符。

若显示的字符是换行符 0AH，则屏幕完成将光标移到下一行的功能，即光标的行号加 1，若显示的字符是回车符 0DH，则屏幕完成将光标移到本行最左边的功能，即光标的列号清 0。为了让显示的信息整齐美观，实用程序经常同时显示换行符和回车符，将光标移到下一行的最开始处。

实际编程时要注意，标准 ASCII 的取值范围是 00H～7FH，即一字节且最高位为 0。调用屏幕显示功能时，若调用参数 DL 值≥80H，则会显示一些特殊符号、汉字等，也可能引起显示混乱。

键盘输入功能调用中得到的返回参数 AL 都是对应按键的 ASCII，而屏幕显示功能调用中的调用参数 DL 可以直接使用 ASCII，也可以使用用引号括起来的字符。例如，MOV AH，2、MOV DL，41H、INT 21H 三条指令与 MOV AH，2、MOV DL，"A"、INT 21H 三条指令的功能是等效的。

5.2.4 ASCII 与十进制数和十六进制数的转换

因为键盘输入的功能调用得到值是 ASCII，所以若要从键盘输入十进制数或十六进制数，就必须将输入的 ASCII 转换为十进制数或十六进制数；因为屏幕显示的功能调用要用 ASCII 操作，所以若要显示十进制数或十六进制数，则必须先将十进制数或十六进制数转换为 ASCII，再调用屏幕显示功能。

一个 ASCII 与一位十进制数或一位十六进制数对应，所以一个多位的十进制数或十六进制数与 ASCII 转换时，必须每位数字分别转换，一般从高位到低位进行转换。

十进制数的数字 0～9 对应的 ASCII 分别是 30H～39H，所以十进制数字加 30H 就可转换为 ASCII，反之，一个 ASCII 减 30H 就可转换为十进制数字。十六进制数的数字有 0～9 和 A～F 共 16 个，对应的 ASCII 分别是 30H～39H 和 41H～46H(大写字母)，所以转换时要分两种情况处理。对于一个十六进制数字，若是 0～9，则加 30H 就可转换为 ASCII，若是 A～F，则要加 37H 才能转换为 ASCII，即为编程方便可以在加 30H 的基础上再加 07H；若一个 ASCII 为 30H～39H，则减 30H 就可转换为十六进制数字，若一个 ASCII 为 41H～46H，则要减 37H 才能转换为十六进制数字，即为编程方便可以在减 30H 的基础上再减 07H。

顺便说明一下，ASCII 与二进制数的转换。因为二进制只有 0 和 1 两个数字，所以 ASCII 减 30H 就可转换为二进制数字，二进制数字加 30H 就可转换为 ASCII。

必须指出的是，若 ASCII 不是 30H～39H，则不能转换为十进制数字；若 ASCII 不是 30H～39H 或 41H～46H 或 61H～66H(小写字母)则不能转换为十六进制数字，所以键盘输入十进制数或十六进制数时必须判断输入是否正确。

5.3 键盘输入和屏幕显示程序

5.3.1 编程思路

下面我们来分析一个实用的键盘输入和屏幕显示程序的编程思路，这个程序要完成的功能是从键盘上输入一个最多 5 位的十进制数，转换为 4 位十六进制数在屏幕上显示。通过这个具体典型意义的程序，不仅要掌握键盘输入功能调用和屏幕显示功能调用的使用方法，还要掌握较大程序编程过程中模块的划分技巧。

BCD码转换为十六进制数可以使用4.5节中介绍方法"连乘OAH法"；因为键盘输入和屏幕显示都是用ASCII操作，所以输入时必须先将ASCII转换为BCD码(即十进制数)；屏幕显示前要先将十六进制数转换为ASCII。因此此程序必须分三步进行：一是键盘输入，并将ASCII转为BCD码；二是将BCD码转换为十六进制数；三是将十六进制数转换为ASCII显示。

按照5.2.4节所述的原理，键盘输入的ASCII转换为BCD码和十六进制数转换为ASCII显示这两步功能的编程较简单，ASCII加减30H就转换为BCD码；十六进制数减30H或37H就转换为ASCII。

必须注意的是，含键盘输入功能的程序都必须有容错的能力。就是说，必须假定操作者不一定按提示正确地进行键盘输入操作，而是有可能敲击错误的按键。所以，每个按键输入后，都必须判断按键是否错误，并进行不同的处理。就本题而言，因为要求输入的是十进制数，所以，每个按键输入的ASCII若是30H～39H则是正确的，除此之的按键都是错误的，对这两种情况必须区分处理。

题目要求显示的是4位16进制数，4位十六进制数最大为FFFFH，对应的最大十进制数是65535。所以输入程序还必须判断输入数据是否太大，这是本题的关键所在，也是难点所在。从原理上分析，解决这个问题有两种方法，第一种方法是直接在输入的十进制数上进行判断是否＞65535，第二种方法是转换为十六进制数后再判断是否＞FFFFH。从表面上看，第一种方法比较简单，第二种方法比较复杂，实际情况恰恰相反！

若采用第一种方法，直接在输入十进制数上判断是否＞65535，则首先必须在输入十进制数的位数上分三种情况进行判断处理。因为输入十进制数的位数不是固定的，有可能正好5位，有可能少于5位，也有可能超过5位。

①当输入十进制数的位数少于5位时，情况较简单，此数肯定＜65535。

②当输入的十进制数超过5位时，还要分三种情况进行处理，第一种情况是从万位数开始的高几位都为0，此数肯定＜65535；第二种情况是从十万位数开始的高几位至少有一位不为0，此数肯定＞65535；第三种情况是从十万位数开始的高几位都为0，但万位数不为0，这种情况实际上与下面的输入位数正好是5位的情况是一样的，还要进行复杂的判断处理。

③当输入的十进制数正好是5位时，万位数可能小于6，大于6或正好等于6，所以又要分三种情况进行判断处理。其中前两种情况较简单，分别可以得到＜65535或＞65535的结果；在第三种情况下，千位数又要分小于5、大于5和等于5三种情况进行判断处理；若千位数等于5，又要判断处理百位数，若百位正好等于5，又要判断处理十位数，依此类推，直至个位数。当然若将千百十个位用压缩型BCD码存于一个16位寄存器中，则判断过程会简化许多，但必须先将输入的非压缩型BCD码转换为压缩型。

从以上分析可知，若直接在输入时就判断十进制是否大于65535，算法非常复杂，不宜采用。那么转换为十六进制数后再判断是否＞FFFFH的方法可行吗？

对于一个十进制数，若≤65535，则转换为十六进制数后可以用一个16位寄存器存放；若＞65535，则转换为十六进制数后用一个16位寄存器无法存放。BCD码转换为十六进制数的"连乘OAH法"中的主要计算是乘法和加法，加法和乘法运算后很容易判断结果是否超过16位，也就是是否＞FFFFH，从而间接地判断了输入的十进制数是否＞65535。要使用这种方法，必须将程序的前两步功能合成一步来进行，即将键盘输入转换为BCD码和BCD码转换为十六进制数两个功能合成一个子程序来编程。

5.3.2 程序流程

按以上编程原理的分析，把整个程序分两个子程序，用一个主程序循环调用这两个子程序，实现多次重复操作。流程如图 5.1、图 5.2 和图 5.3 所示。

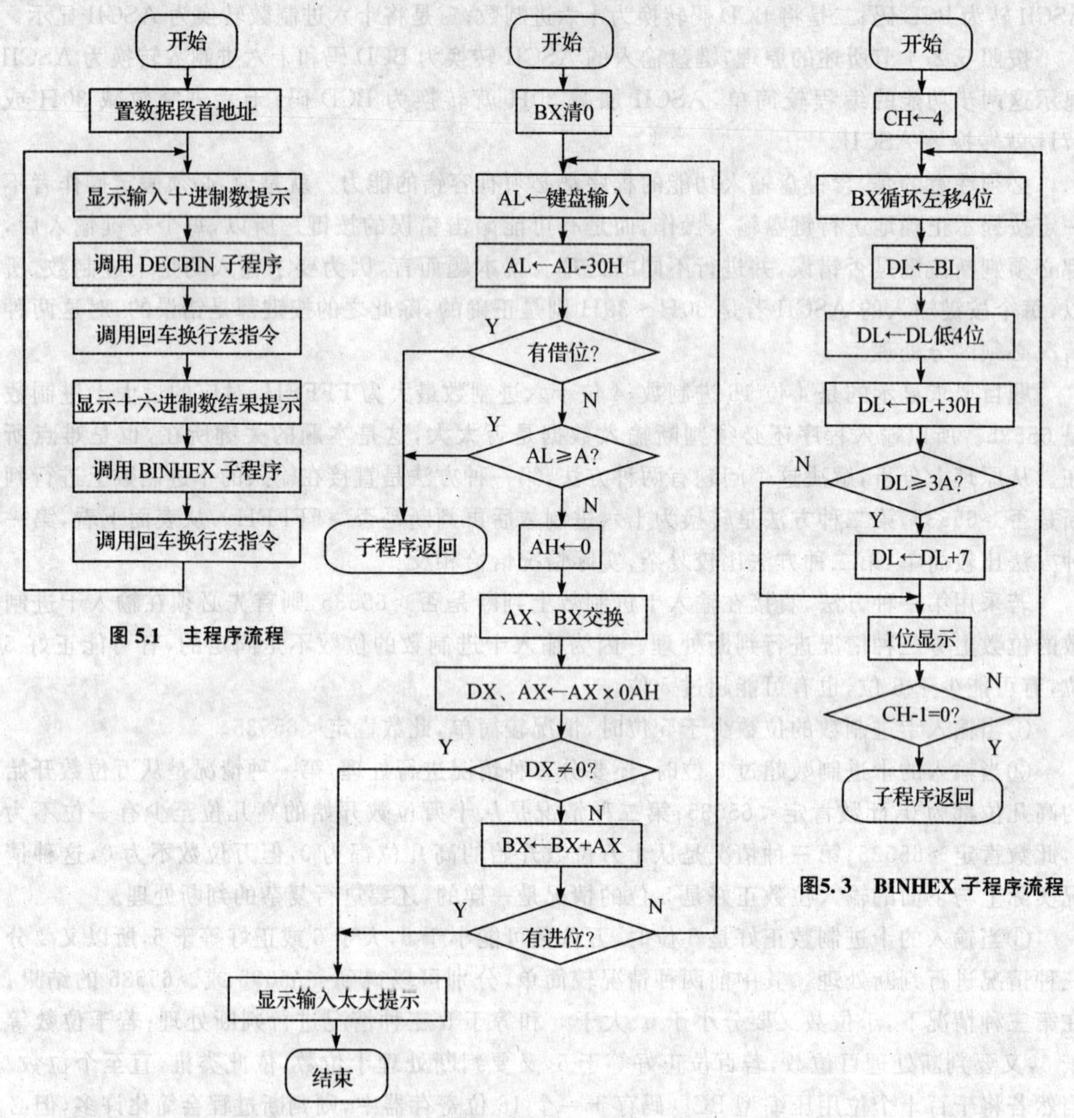

图 5.1 主程序流程

图5.2 DECBIN 子程序流程

图5.3 BINHEX 子程序流程

从图 5.1、图 5.2 和图 5.3 可以看出，主程序和两个子程序都是一重循环的结构。当一个编程题目较大或较复杂时，必须按照功能进行模块划分，分解成几个子程序，这样可以使程序结构清晰、层次分明，这就是模块化程序设计的方法。

5.3.3 程序清单

键盘输入一个 5 位十进制数转换为 4 位十六进制数显示在屏幕上的完整程序如表 5.4 所示。

表 5.4 键盘输入十进制数转十六进制显示程序

```
DATA  SEGMENT
ECHO1  DB  "INPUT DECIMAL:$"
ECHO2  DB  "HEX RESULT IS:$"
ECHO3  DB  "TOO BIG! $"
DATA  ENDS
CRLF  MACRO           ;定义宏指令,回车换行
      MOV AH,2
      MOV DL,0AH      ;显示换行符
      INT 21H
      MOV AH,2
      MOV DL,0DH      ;显示回车符
      INT 21H
ENDM
CODE    SEGMENT
ASSUME CS:CODE,DS:DATA
START:
  MOV  AX,DATA
  MOV  DS,AX
REPEAT:
  MOV  AH,9
  MOV  DX,OFFSET ECHO1
  INT  21H           ;显示十进制输入提示信息
  CALL  DECBIN       ;调用键盘输入并转换为十六进制的子程序
  CRLF               ;光标移到下一行的开始处
  MOV  AH,9
  MOV  DX,OFFSET ECHO2
  INT  21H           ;显示十六进制输出提示信息
  CALL  BINHEX       ;调用十六进制数显示子程序
  CRLF               ;光标移到下一行的开始处
  JMP  REPEAT        ;继续下一次的输入和转换显示
DECBIN:              ;子程序,键盘输入十进制数,转十六进制存 BX 中
  MOV  BX,0          ;十六进制数存 BX 中,先清 0
NEW:
  MOV  AH,1
  INT  21H           ;键盘输入一个字符
  SUB  AL,30H        ;十进制数 0~9 的 ASCII 是 30H~39H
  JC  EXIT           ;<30H 则输入结束
  CMP  AL,0AH        ;≥3AH 则输入也结束
  JNC  EXIT
  MOV  AH,0          ;AL 中 8 位二进制扩展为 16 位,AH 为高 8 位
  XCHG  AX,BX        ;BX 中十六进制数与 AX 中新输入数字交换
  MOV  DX,0AH
  MUL  DX            ;十六进制数乘 0AH,结果在 AX 中
```

```
    JC   TOOBIG          ;若 DX≠0,即 CF=1,则输入太大
    ADD  BX,AX           ;十六进制乘 0AH 后与新输入数字相加,结果存 BX 中
    JC   TOOBIG          ;若有进位,则输入太大
    JMP  NEW             ;循环,继续输入十进制数的下一位数
EXIT:
    RET
toobig:
   mov  ah,9
   mov  dx,offset echo3;显示"输入太大的信息"
   int  21h
   mov  ah,4ch           ;程序结束
   int  21h
BINHEX:                  ;子程序,BX 中十六进制数显示
   MOV  CH,4             ;4 位十六进制,循环 4 次
ROTATE:
    MOV  CL,4
    ROL  BX,CL           ;十六进制数循环左移 4 位,最高位移到最低位
    MOV  DL,BL
    AND  DL,0FH          ;保留低 4 位
    ADD  DL,30H          ;十六进制数转换为 ASCII
    CMP  DL,3AH
    JC   PRINT
    ADD  DL,7            ;若是 A~F 的数字,则再加 07H
PRINT:
    MOV  AH,2            ;一位十六进制数显示
    INT  21H
    DEC  CH
    JNZ  ROTATE          ;循环 4 次
    MOV  AH,2
    MOV  DL,"H"          ;显示后缀"H"
    INT  21H
    RET
CODE  ENDS
END  START
```

程序定义了一个数据段和一个代码段,数据段中定义了一些要显示的提示信息,代码段中有一个主程序和两个子程序。在数据段和代码段之间定义了一个名为 CRLF 的宏指令,这个宏指令的功能是屏幕显示 0AH 和 0DH 两个 ASCII,这两个 ASCII 是换行符和回车符,所以实际上这个宏指令的功能就是使光标移到下一行的最左边,即另起一行显示信息,使屏幕显示显得整齐。

主程序的循环结构从 REPEAT 标号开始,到 JMP REPEAT 结束,先显示输入十进制数的提示信息,调用 DECBIN 子程序进行十进制数输入;再显示十六进制数输出的提示信息,调用 BINHEX 子程序显示十六进制数结果。主程序没有用前几章程序中惯用的 AH=4CH 的返回 DOS 的功能调用来结束程序,所以这个主程序的循环是一种死循环的结构。按一般的编

程要求，死循环结构是不允许的。但在 DECBIN 子程序中调用了 AH＝1 的键盘输入功能，而此功能调用有检测“CTRL－C”的功能，所以此程序可以用“CTRL－C”结束。

DECBIN 子程序完成从键盘输入到将 BCD 码转换为十六进制数的一系列功能。十进制数字 0～9 对应的 ASCII 是 30H～39H，除此以外的按键都是错误的。为了简化编程起见，程序将 30H～39H 之外的按键都当成是输入十进制数的结束符，即当有 30H～39H 之外的按键时，子程序就返回。当按键是 30H～39H 时，先减 30H，转换为 BCD 码数字，再用“连乘 0AH 法”将 BCD 码转换为十六进制数，结果存在 BX 寄存器中，然后程序跳回 NEW 标号处循环，继续下一个 BCD 码数字的输入。

判断输入的十进制数是否大于 65535 的关键在两条“JC TOOBIG”指令。执行 MUL CX 指令后，若 CF＝1，说明乘积中的高 16 位 DX 不为 0，即十六进制数＞FFFFH；执行 ADD BX，AX 指令后，若 CF＝1，即有进位，也说明十六进制数＞FFFFH。所以在这两种情况下，程序要跳到 TOOBIG 标号处，显示“输入太大”错误信息后，结束程序。

DECBIN 子程序能按先高后低的顺序输入任意位数（0 位～6 位）的十进制数，转换为十六进制数。若在第一个数字的位置上就键入了非 0～9 数字的符号，则输入十进数的位数为 0，这时程序转换的十六进制数结果为 0000H；当输入第一个数字时，程序就将这个数字当成个位数转换为十六进制数；当输入第二个数字时，因为先将前面的十六进制数乘 0AH 再加上这个数字，所以实际上就是把第一个数字当成了十位数，把第二个数字当成了个位数；以此类推，当输入第五个数字时，就把前四个数字分别当成了万位、千位、百位和十位数，而把第五个数字当成了个位数。若键入的数字达到 6 位，则程序判断输入太大，马上结束，不调用十六进制数显示子程序。

BINHEX 子程序的功能是将 BX 中的十六进制数转换为 ASCII 送到屏幕显示。因为 BX 中的十六进制数有 4 位，所以循环次数是 4，用 CH 做循环计数。十六进制数显示的顺序是先高后低，假设 BX＝A9B8H，用 ROL 指令将 BX 按二进制循环左移 4，将最高 4 位移到最低 4 位上，则 BX＝9B8AH，保留最低 4 位则 DL＝0AH，加 30H 再加 07H 就把 0AH 转换为 ASCII；同理，第二次循环时 BX＝B8A9H，DL＝09H，加 30H 就转换为 ASCII；依此类推，循环 4 次就将 BX 中的十六进制数显示在屏幕上。最后显示十六进制数后缀“H”。

5.4 键盘输入屏幕显示程序实验

5.4.1 实验目的

(1)了解功能调用和中断调用的原理与用法；

(2)掌握键盘输入和屏幕显示的功能调用的原理与用法；

(3)掌握 BCD 码（十进制数）和十六进制数与 ASCII 转换的原理与编程方法；

(4)熟练宏指令和子程序的定义的调用方法。

5.4.2 实验准备

(1)复习第四章代码转换程序，读懂表 5.4 程序，仔细理解编程原理和方法。

(2)按照实验内容要求修改程序。

(3)按照实验内容要求画好调试数据记录表，列出调试数据中的十进制数，并人工计算转换为十六进制数。表 5.5 是一个样例,其他表格自制。

5.4.3 必做实验

(1)对表 5.4 的键盘输入十进制数转换为十六进制数屏幕显示程序进行验证,将调试数据填入表 5.5 中。

表 5.5 键盘输入屏幕显示程序调试数据记录(一)

程序功能			
编 号	十进制数	十六进制数	
		人工转换	程序显示结果
1			
2			
3			
4			

(2)修改表 5.4 程序,将转换结果改为二进制显示,每 4 位用空格分隔,后缀 B。验证程序的正确性,填写调试数据记录。

(3)按以下要求修改完善表 5.4 程序的功能。验证程序的正确性,填写调试数据记录。

①输入十进制数太大时,显示提示信息后,程序要能继续输入下一个十进制数;

②只用回车符作为输入十进制的结束符号,其他非十进制数字无效;

③输入非十进制数时,蜂鸣器发声提示错误,然后可继续输入这个十进制数;

④(选做)在第一个十进制数字位置上若输入回车符,则程序结束;

⑤(选做)使退格键(ASCII 为 08H)能起作用。

(4)编写键盘输入 4 位十六进制数转换为 5 位十进制数显示在屏幕上的程序。验证程序的正确性,填写调试数据记录。

5.4.4 选做实验

(1)编写键盘输入 10 位十进制数转换为 8 位十六进制数显示的程序,并调试验证,填写调试数据记录。

(2)对第三章的多字节加/减运算程序,修改为从键盘输入被加(减)数和加(减)数,结果和(差)显示在屏幕上。验证程序的正确性,填写调试数据记录。

5.4.5 思考题

(1)查阅参考书,了解和掌握磁盘文件操作的功能调用的两种方法,功能号 AH＝0FH～23H 是文件控制块(FCB)的文件存取方法;功能号 AH＝3CH～43H 是文件代号式存取方法。INT 25H、INT 26H 的功能调和 INT 13H 的中断调用都是按磁盘的磁道和扇区对文件进行绝对读写。

(2)查阅参考书,了解和掌握屏幕显示中断调用 INT 10H,了解和掌握显示器的文本显示和图形显示两种显示方式的原理与控制方法。

习题

5.1　将表 5.4 程序中的 CRLF 宏指令改写为子程序。

5.2　编写程序，循环调用键盘输入功能，按回车键则结束程序。运行程序，记录键盘上所有按键在屏幕上显示的符号。

5.3　编写程序，ASCII 从 00H 到 7FH 循环调用屏幕显示功能，先显示 ASCII 值，再显示对应的符号。每显示一个 ASCII 等待按键，按空格键则显示下一个 ASCII，按回车键则结束程序。运行程序，记录每个 ASCII 在屏幕上显示的符号。

5.4　编写一个密码输入程序，密码为 6 个字符或数字，密码输入时用“＊”显示，若密码密码比较正确，则显示密码输入成功信息，若密码比较错误，则显示密码错误信息，允许最多重试 3 次。

第六章 表处理程序

前几章的程序处理的数据都是单字节或多字节，对数组或字符串这种大批量数据进行处理的程序称为表处理程序。表处理程序经常要用到串操作指令，所以本章先讲解串操作指令及与此类指令配合的重复前缀。按基本原理可将表处理程序分为两种类型，一种是已知地址或计算出地址后查此地址中的数据，这类程序称为查表程序，查表程序可以用来求数学函数。另一种是已知数据查此数据在表中是否存在，若存在就查出其所在地址，这类程序称为搜索程序。若表格中的数据是无序排列的，则只能用顺序搜索的办法，若表格中的数据是按大小有序排列的，则可以用对分搜索的办法。将无序表格中的数据重新排列成有序表的过程称为排序。数据的排序可按无符号数大小或带符号数大小顺序进行，所以本章还要讲解无符号数和带符号数的比较条件转移指令。

6.1 串操作指令及重复前缀

对数组或字符串进行操作的指令称为串操作指令，8086 共有 5 条串操作指令。这些指令的特点是除进行数据传送、比较等操作外，还自动修改地址指针。源操作数指针是 DS:[SI]，目的操作数指针是 ES:[DI]，源操作数可以段替换。修改地址的方向由方向标志 DF 决定，DF＝0，则地址修改方向为加，DF＝1，则地址修改方向为减。字节操作后地址加 1 或减 1，字操作时后地址加 2 或减 2。每条串操作指令有三种写法。

6.1.1 串操作指令

1. 串传送指令

```
指令格式:MOVS   dst,src
         MOVSB         ;ES:[DI]←DS:[SI],SI←SI±1,DI←DI±1
         MOVSW         ;ES:[DI]←DS:[SI],SI←SI±2,DI←DI±2
```

串传送指令的功能是将源串的一个元素传送到目的串的相应位置。第二、三种写法隐含了操作数，直接在操作码中指定了是字节传送或字传送。第一种格式中的操作数 dst、src 一般是指定两个串首地址的变量名，供汇编程序检查传送的类型是字节或字，当然若不匹配会出错。

2. 串装入指令

```
指令格式:LODS src
         LODSB    ;AL←DS:[SI],SI←SI±1
         LODSW    ;AX←DS:[SI],SI←SI±2
```

串装入指令的功能是将源串的一个元素传送给累加器，字节装入 LODSB 的目的操作数是 AL，字装入 LODSW 的目的操作数是 AX。第一种写法中的源操作数 src 一般是指定源串首地址的变量名，用来确定串装入的类型是字节或者字。

3. 串存储指令

指令格式：STOS dst

```
        STOSB      ;ES:[DI]←AL,DI←DI±1
        STOSW      ;ES:[DI]←AX,DI←DI±2
```

串存储指令的功能是将累加器的值传送到目的串的一个元素位置，字节存储 STOSB 的源操作数是 AL，字存储 STOSW 的源操作数是 AX。第一种写法中的目的操作数 dst 一般是指定目的串首地址的变量名，用来确定串存储类型是字节或者字。

因为都是进行数据的传送，所以，以上三条串操作指令对标志位都无影响。

4. 串比较指令

指令格式：CMPS src,dst

```
        CMPSB      ;DS:[SI]-ES:[DI],SI←SI±1,DI←DI±1
        CMPSW      ;DS:[SI]-ES:[DI],SI←SI±2,DI←DI±2
```

串比较指令的功能是将两个串的对应位置上的元素进行比较，即进行减操作，结果不回送，但影响 6 个标志位。根据标志位可以判断对应位置上元素是否相等，是否不相等及大小关系。要特别注意的是，串比较指令源操作数是被减数，目的操作数是减数，这点与减法指令或比较指令不同。

5. 串搜索指令

指令格式：SCAS dst

```
        SCASB      ;AL-ES:[DI],DI←DI±1
        SCASW      ;AX-ES:[DI],DI←DI±2
```

串搜索指令的功能是用累加器 AL 或 AX 作为被减数，与串的一个元素相减，不回送结果，但影响 6 个标志位。根据标志位可以判断串中每个元素与累加器是否相等，是否不相等及大小关系。此指令常用来搜索串中等于或不等于累加器 AL 或 AX 的元素，所以 AL 或 AX 称为关键字节或关键字，此指令称为搜索指令。

6.1.2 串重复前缀

6.1.1 小节中的五条串操作指令都是对串的一个元素进行操作，同时修改地址指针。在这些串指令前面加一条重复前缀后，就可顺序对串中的每个元素进行操作，相当于一个循环程序。重复前缀共有三条，只能加在串操作指令之前，加在其他指令前是没有意义的。

指令格式：

```
REP              ;若 CX≠0,则执行串操作,CX←CX-1;
                 ;若 CX=0,则结束串操作
REPE 或 REPZ     ;若 CX≠0,且 ZF=1,则执行串操作,CX←CX-1;
                 ;若 CX=0,或 ZF=0,则结束串操作
REPNE 或 REPNZ   ;若 CX≠0,且 ZF=0,则执行串操作,CX←CX-1;
```

;若 CX=0,或 ZF=1,则结束串操作

重复前缀 REP 的功能是 CX 不为 0 时重复,即用 CX 作为重复次数的计数,先判断 CX 是否为 0,若为 CX 为 0,则结束本次串操作;若 CX 不为 0,则执行相应的串操作后 CX 减 1,这样完成重复前缀的一次重复操作。接着进行下一次的重复操作,直到 CX=0 为止。后两条重复前缀判断重复操作是否结束的条件除了 CX 是否为 0 外,还要用到 ZF 标志位。重复前缀 REPE 和 REPZ 是等效的,功能是 CX 不为 0 且零标志 ZF 为 1 时重复;REPNE 和 REPNZ 是等效的,功能是 CX 不为 0 且零标志 ZF 为 0 时重复,

理论上,三条重复前缀与五条串操作指令可以任意搭配使用,但有些搭配实际使用时是没有意义的。REP 重复前缀可加在 MOVS 或 STOS 之前;REPE/REPZ 和 REPNE/REPNZ 重复前缀可加在 CMPS 和 SCAS 前;而 LODS 前一般不加重复前缀。

因为串操作指令及重复前缀涉及较多的寄存器,而且都是隐含的用法,初学者必须特别注意,否则容易出错。使用任何一条串操作指令前,必须根据串地址修改的方向对方向标志 DF 初始化,CLD 指令对方向标志 DF 清 0,STD 指令对方向标志置 1。使用 MOVS、LODS、CMPS 前,要对段寄存器 DS 和源串指针 SI 初始化;使用 MOVS、STOS、CMPS、SCAS 前,要对段寄存器 ES 和目的串指针 DI 初始化。若源串和目的串在同一个段中,则 DS 和 ES 要初始化成相同的值。

若串操作指令前加了重复前缀,则之前必须对重复次数 CX 初始化。因为重复前缀是先判断 CX 若不为 0 时,才对 CX 减 1,所以若重复次数 CX 初始化为 0,则串操作指令一次也不操作。这一点与循环指令 LOOP 不同。

6.1.3 简单应用举例

例 6.1 使用串存储和串传送指令编写程序,实现以下功能:将数据段中的一个字节数组的全部元素初始化为“A”,然后传送到扩展段中的一个字节数组中。

```
DATA   SEGMENT
  DATA1   DB 50 DUP(?)          ;数组 1
DATA   ENDS
EXTRA  SEGMENT
  DATA2   DB 50 DUP(?)          ;数组 2
EXTRA  ENDS
CODE   SEGMENT
ASSUME   CS:CODE,DS:DATA,ES:EXTRA
START:
  MOV   AX,DATA
  MOV   ES,AX                   ;目的串的段地址
  LEA   DI,DATA1                ;目的串的偏移地址的首地址
  CLD                           ;地址增量
  MOV   CX,50                   ;总字节数
  MOV   AL,'A'                  ;初始化字节值
  REP   STOSB                   ;重复串存储操作
```

```
    MOV  AX,DATA
    MOV  DS,AX                   ;源串的段地址
    MOV  AX,EXTRA
    MOV  ES,AX                   ;目的串的段地址
    LEA  SI,DATA1                ;源串的偏移地址的首地址
    LEA  DI,DATA2                ;目的串的偏移地址的首地址
    MOV  CX,50                   ;总字节数
    REP  MOVSB                   ;重复串传送操作
    MOV  AH,4CH
    INT  21H
CODE  ENDS
END  START
```

程序中，“REP STOSB”指令改写为“REP STOS DATA1”指令也是可以的；“REP MOVSB”指令改写为“REP MOVS DATA2,DATA1”指令也是可以的。

从这个例子可以看出：在执行 REP STOSB 时，DATA1 是目的串，而在执行 REP MOVSB 时 DATA1 是源串。这说明，源串和目的串不是固定不变的，而是相对的，可根据编程需要灵活定义，

例 6.2 用串比较指令比较数据段中两个长度相等的字符串，若不相等，则给出第一个不相等字符的地址。

```
DATA  SEGMENT
  DATA1  DB "ABCDEFGHIJKLMNOP"
  DATA2  DB "ABCDEFZHIJKLMNOP"
DATA  ENDS
CODE  SEGMENT
ASSUME  CS:CODE,DS:DATA,ES:DATA
START:
    MOV  AX,DATA
    MOV  DS,AX                   ;源串的段地址
    MOV  ES,AX                   ;目的串的段地址
    LEA  SI,DATA1                ;源串的偏移地址的首地址
    LEA  DI,DATA2                ;目的串的偏移地址的首地址
    MOV  CX,DATA2-DATA1          ;字节数
    CLD                          ;地址增量
    REPE CMPSB                   ;CX≠0 且 ZF=1 时，重复串比较操作
    JZ  ALL                      ;串比较结束时，若 ZF=1，则两个串完全相同
    DEC  SI                      ;SI 指向源串中不相等字符的地址
    DEC  DI                      ;DI 指向目的串中不相等字符的地址
    JMP  EXIT
ALL:
```

```
  MOV  SI,-1                    ;SI=0FFFFH,作为两个串完全相同的标志
  MOV  DI,-1                    ;DI=0FFFFH,作为两个串完全相同的标志
EXIT:
  MOV  AH,4CH
  INT  21H
CODE  ENDS
END  START
```

因为源串和目的串都存于数据段中,所以,在 ASSUME 伪指令中 DS 和 ES 都指向 DATA 段,在程序开始处给 DS 和 ES 赋相同的值。程序中"REPE CMPSB"指令也可以写成"REPE CMPS DATA1,DATA2"

下面我们分析此程序的执行过程:第一次时 REPE 只判断 CX 是否等于 0,不判断 ZF 是否等于 1,若 CX≠0,则两个串的对应字符相减,影响标志位,修改地址指针。从第二次开始 REPE 才判断 ZF 是否为 1,若 ZF 为 1 且 CX≠0,则继续串比较操作;若 ZF 为 0 或 CX=0,则结束串操作。在本例中,串比较进行到"G"和"Z"比较时,因为这两个字符不相等,所以 ZF=0,SI、DI 照常加 1 分别指向下一个字符"H";然后 REPE 发现 ZF=0,就结束串比较操作,所以这时 SI 和 DI 还必须减 1,才会指向"G"和"Z"。若不相等的字符在第一个字符的位置或最后一个字符的位置,也要同样处理;若两个字符串完全相同,则 SI 和 DI 指向最后一个字符的下一个地址,为了与以上三种情况区别,程序中将 SI 和 DI 置为-1。

6.2 无符号数和带符号数条件跳转指令

在第三章中,我们学习了单标志位的条件跳转指令,在学习比较指令时我们还知道,当两个带符号数或两个无符号数比较大小时,往往用一个标志位是不够的。为了方便无符号数及带符号数的比较跳转,8086 专门设计了这两类条件跳转指令。在操作码助记符中,无符号数条件跳转指令用字母 A 表示高于(above),用字母 B 表示低于(below),带符号数条件跳转指令用字母 G 表示大于(greater),用字母 L 表示小于(less);不管是无符号数条件跳转还是带符号数条件跳转,都用字母 E 表示相等(equal),字母 N 表示不(not)。所有无符号数条件跳移指令和带符号条件跳转指令都有两种等效的写法。它们使用的标志位与单个标志位的条件跳转指令有所不同,除此之外,与单个标志位的条件跳转指令完全一样,都是段内短跳转。

6.2.1 无符号数条件跳转指令

在 3.2.1 小节中我们知道,用 CMP 指令比较两个无符号数时,比较的结果是否相等要看 ZF 标志位,大小(在这里用高于/低于的概念)要看 CF 标志位。所以,无符号条件转移指令的基本用法就是跟在一条"CMP dst,src"指令之后,根据 ZF 和 CF 进行判断跳转,当然跟在一条 SUB 或 SBB 指令之后也是可以。

在 3.1.2 小节中我们知道,条件跳转指令只能有两个分支,而两个无符号数比较后有"相等"、"高于"、"低于"三种情况,所以,无条件数跳转指令只能将"相等"的情况结合到"高于"或"低于"的情况中进行判断。

无符号数条件跳转指令共有 8 条,如表 6.1 所示,同一行中的 2 条指令是等效的。

表 6.1 无符号数条件跳转指令

指令格式	指令功能	使用的标志位	等效指令
JAE short_label JNB short_label	"高于或等于"则跳转，否则顺序执行 "不低于"则跳转，否则顺序执行	CF=0 则跳转	JNC
JB short_label JNAE short_label	"低于"则跳转，否则顺序执行 "不高于或等于"则跳转，否则顺序执行	CF=1 则跳转	JC
JA short_label JNBE short_label	"高于"则跳转，否则顺序执行 "不低于或等于"则跳转，否则顺序执行	CF=0 且 ZF=0 则跳转	
JBE short_label JNA short_label	"低于或等于"则跳转，否则顺序执行 "不高于"则跳转，否则顺序执行	CF=1 或 ZF=1 则跳转	

"高于或等于"和"不低于"等效的，当两个无符号数 dst 与 src 相比符合这种情况时，CF=0。所以，实际上 JAE/JNB 指令的功能是：判断若 CF=0 则跳转到"short_label"指定的目的地址，否则顺序执行。此功能与 JNC 指令是等效的。

"低于"和"不高于或等于"等效的，当两个无符号数 dst 与 src 相比符合这种情况时，CF=1。所以，实际上 JB/JNAE 指令的功能是：判断若 CF=1 则跳转到"short_label"指定的目的地址，否则顺序执行。此功能与 JC 指令是等效的。

"高于"和"不低于或等于"等效的，当两个无符号数 dst 与 src 相比符合这种情况时，CF=0 且 ZF=0。所以，实际上 JA/JNBE 指令的功能是：判断若 CF=0 且 ZF=0 则跳转到"short_label"指定的目的地址，否则顺序执行。

"低于或等于"和"不高于"等效的，当两个无符号数 dst 与 src 相比符合这种情况时，CF=1 或 ZF=1。所以，实际上 JBE/JNA 指令的功能是：判断若 CF=1 或 ZF=1 则跳转到"short_label"指定的目的地址，否则顺序执行。

6.2.2 带符号数条件跳转指令

在 3.2.1 小节中我们知道，用 CMP 指令比较两个带符号数时，比较的结果是否相等要看 ZF 标志位，大小要看 SF 和 OF 标志位。所以，带符号条件转移指令的基本用法就是跟在一条"CMP dst，src"指令之后，根据 ZF、SF 和 OF 进行判断跳转，当然跟在一条 SUB 或 SBB 指令之后也是可以。

与无符号数条件跳转指令一样，带符号数条件跳转指令只能将"相等"的情况结合到"大于"或"小于"的情况中进行判断。

带符号数条件跳转指令共有 8 条，如表 6.2 所示，同一行中的 2 条指令是等效的。

表 6.2 带无符号数条件跳转指令

指令格式	指令功能	使用的标志位
JGE short_label JNL short_label	"大于或等于"则跳转，否则顺序执行 "不小于"则跳转，否则顺序执行	SF=OF 则跳转
JL short_label JNGE short_label	"小于"则跳转，否则顺序执行 "不大于或等于"则跳转，否则顺序执行	SF≠OF 则跳转

续表

指令格式	指令功能	使用的标志位
JG short_label JNLE short_label	“大于”则跳转,否则顺序执行 “不小于或等于”则跳转,否则顺序执行	SF=OF 且 ZF=0 则跳转
JLE short_label JNG short_label	“小于或等于”则跳转,否则顺序执行 “不大于”则跳转,否则顺序执行	SF≠OF 或 ZF=1 则跳转

“大于或等于”和“不小于”等效的,当两个带符号数 dst 与 src 相比符合这种情况时,SF 与 OF 同为 0 或同为 1。所以,实际上 JGE/JNL 指令的功能是:判断若 SF=OF 则跳转到“short_label”指定的目的地址,否则顺序执行。

“小于”和“不大于或等于”等效的,当两个带符号数 dst 与 src 相比符合这种情况时,SF 和 OF 一个为 0 一个为 1。所以,实际上 JL/JNGE 指令的功能是:判断若 SF≠OF 则跳转到“short_label”指定的目的地址,否则顺序执行。

“大于”和“不小于或等于”等效的,当两个带符号数 dst 与 src 相比符合这种情况时,SF 和 OF 同为 0 或 1 而且 ZF=0。所以,实际上 JG/JNLE 指令的功能是:判断若 SF=OF 且 ZF=0 则跳转到“short_label”指定的目的地址,否则顺序执行。

“小于或等于”和“不大于”等效的,当两个带符号数 dst 与 src 相比符合这种情况时,SF 和 OF 一个为 0 一个为 1,或者 ZF=1。所以,实际上 JLE/JNG 指令的功能是:判断若 SF≠OF 或 ZF=1 则跳转到“short_label”指定的目的地址,否则顺序执行。

分析无符号数条件跳转指令和带符号数条件跳转指令所使用的标志位,我们会发现,无符号数条件跳转指令和带符号数条件跳转指令的硬件实现是很简单的。JA 指令和 JBE 指令的硬件都是(CF OR ZF),JA 指令是此硬件输出为 0 跳转,JBE 是为 1 跳转;而带符号数条件跳转指令的硬件是用(SF XOR OF)替换无符号数条件跳转指令中的 CF。

6.3 查表程序和顺序搜索程序

查表程序和顺序搜索程序是表处理程序中两种基本的类型,程序结构较简单,本节以求正弦函数程序和无序表的顺序搜索程序为例讲解这两种程序的编程原理和方法。

6.3.1 求正弦函数程序

不管是高级语言编程还是汇编语言编程,数学函数计算是实际编程中经常碰到的问题。高级语言编程环境一般都提供大量的内部函库数进行数学函数的计算,而汇编语言的开发环境一般都没有提供内部函数库,所以,在汇编编语言编程中要研究和解决数学函数计算的难题。汇编语言编程中进行数学函数计算一般有两种方法。

第一种方法是利用数学上的泰勒展开公式进行计算。这种方法是通用的,因为函数自变量是可以连续变化的。但是,这种方法计算量大,编程复杂,程序运行时间长。所以,一般在函数值精度要求较高的场合才使用,例如 DSP 芯片的数字信号处理算法。这种方法的汇编语言编程原理与高级语言的编程原理是相同的,在《计算方法》之类的课程中会进行详细讨论,本书不展开讨论,本书只讨论汇编语言编程中特有的方法。

第二种方法是利用查表程序求函数值。这种方法的基本原理是这样的:首先,借助计算器等工具,按自变量大小顺序人工计算各个函数值,列成表格;第二步,根据实际问题对数据格式和精度的要求,按 BCD 码或十六进制数格式,以单字节、双字节或双字等长度将函数表存于数据段中;第三步,根据数据表中每个元素的长度,在程序中用自变量值或自变量值的倍数作为地址偏移量查函数值表,就可得到此自变量值对应的函数值。这种方法与数学函数的复杂度是无关的,对于不同的函数,只需修改函数值表,程序是一样的,而且程序简单,运行速度快,是汇编语言编程中常用的方法。但是,因为函数值表的大小是有限的,不可能是无限大,所以查表法只能要求离散自变量值上的函数值。

下面以求正弦函数程序为例,说明查表程序求数学函数的编程原理。程序功能如下:键盘上输入 00～89 的度数(必须是两位数且为整数),求其正弦函数值,并在屏幕上显示。输入值和显示值都用十进制(BCD 码)表示。程序流程如图 6.1 所示,程序清单如表 6.3 所示。

表 6.3 求正弦函数程序

```
DATA   SEGMENT
SIN    DW 0000H,0175H,0349H,0523H,0698H,0872H,1045H,1219H;00—07 度
       DW 1392H,1564H,1736H,1908H,2079H,2250H,2419H,2588H;08—15 度
       DW 2756H,2924H,3090H,3256H,3420H,3584H,3746H,3907H;16—23 度
       DW 4067H,4226H,4384H,4540H,4695H,4848H,5000H,5150H;24—31 度
       DW 5299H,5446H,5592H,5736H,5878H,6018H,6157H,6293H;32—39 度
       DW 6428H,6561H,6691H,6820H,6947H,7071H,7193H,7314H;40—47 度
       DW 7431H,7547H,7660H,7771H,7880H,7986H,8090H,8192H;48—55 度
       DW 8290H,8387H,8480H,8572H,8660H,8746H,8829H,8910H;56—63 度
       DW 8988H,9063H,9135H,9205H,9272H,9336H,9397H,9455H;64—71 度
       DW 9511H,9563H,9613H,9659H,9703H,9744H,9781H,9816H;72—79 度
       DW 9848H,9877H,9903H,9925H,9945H,9962H,9976H,9986H;80—87 度
       DW  9994H,9998H;88—89 度
ECHO1  DB "INPUT  DEGREE(00-89):$"        ;输入提示信息
ECHO2  DB "SIN($)=0.$"                    ;结果提示信息
ECHO3  DB "INPUT ERROR! $"                ;输入错误信息
DATA   ENDS
CRLF  MACRO                               ;宏指令,回车换行
   MOV  AH,2
   MOV  DL,0AH
   INT   21H
   MOV  AH,2
   MOV  DL,0DH
   INT  21H
   ENDM
CODE    SEGMENT
ASSUME CS:CODE,DS:DATA
START:
  MOV  AX,DATA
  MOV  DS,AX
  MOV  DX,OFFSET ECHO1
```

```
    MOV   AH,9
    INT  21H                        ;显示输入提示信息
    MOV   CX,2                      ;2 位数字输入的循环计数
    XOR   BX,BX                     ;BX 暂存输入十进制数字,先清 0
INPUT:
    MOV    AH,1
    INT    21H                      ;输入 1 个数字(ASCII)
    SUB    AL,30H
    JC     ERROR                    ;输入数字<30H,错误
    CMP    AL,0AH
    JNC    ERROR                    ;输入数字≥3AH,错误
    XCHG   BH,BL                    ;低位 BL 送到高位 BH 中
    ADD    BL,AL                    ;输入数字存入 BL 中(MOV BL,AL/OR BL,AL)
    LOOP   INPUT                    ;继续输入下一位数字
    CRLF                            ;结果在下一行显示
    MOV    DX,OFFSET ECHO2
    MOV    AH,9
    INT    21H                      ;显示结果提示信息第一部分
    MOV    DL,BH                    ;角度值的十位数在 BH 中
    ADD    DL,30H
    MOV    AH,2
    INT    21H                      ;显示变量值高位
    MOV    DL,BL                    ;角度值的个位数在 BL 中
    ADD    DL,30H
    MOV    AH,2
    INT    21H                      ;显示变量值低位
    MOV    DX,OFFSET ECHO2+5
    MOV    AH,9
    INT    21H                      ;显示结果提示信息第二部分
    MOV    AX,BX
    AAD
    MOV    BX,AX                    ;BX 中 2 位十进制转换为十六进制存回 BX 中
    ADD    BX,BX                    ;BX 乘 2 转换为正弦数据表中的地址位移量
    MOV    BX,SIN[BX]               ;查表,正弦函数值送 BX 中
    MOV    CH,4
DISP:                               ;显示 4 位正弦函数值(小数部分)
    MOV    CL,4
    ROL    BX,CL
    MOV    DL,BL
    AND    DL,0FH
    ADD    DL,30H
    MOV    AH,2
    INT    21H
    DEC    CH
```

```
    JNZ     DISP
    JMP     EXIT
  ERROR:
    MOV     DX,OFFSET ECHO3
    MOV     AH,9
    INT     21H                     ;显示输入错误信息
  EXIT:
    MOV     AH,4CH                  ;程序结束
    INT     21H
  CODE    ENDS
  END   START
```

在数据段中,0～89 度共 90 个整数角度的正弦函数值列成一个表格。为了简化数据表及编程,查表程序一般要求数据表中每个元素必须是等长度的。因为 0≤SIN(X)≤1,除 90 度的正弦值为 1 外,其他角度(包括 0 度)的正弦函数值都是纯小数。所以,每个函数值只存 4 位小数值,第 5 位小数可四舍五入或舍弃,这些正弦函数值可以事先用计算器计算,直接用十进制即压缩型 BCD 码表示。例如,用计算器算出 SIN(60°)＝0.866025……,则数据段中就用“DW 8660H”表示即可。当然,这样的数据表无法表示出 90 度的正弦值,所以,若输入角度包括 90 度,程序必须进行单独判断和处理,这种特殊处理在原程序的基础上进行修改是很容易实现的。

0～89 可能是 1 位数也可能是 2 位数,程序中限制输入的角度度数必须是 2 位数,例如要求角度值为 8 的正弦函数值,必须输入 08。这样就避免了对输入数据位数的判断,直接循环输入一个 2 位数。输入的十位数和个位数必须都是 0～9 的数字,若不是,则显示错误信息后程序结束。

若输入正确则将 2 位十进制数以非压缩型 BCD 码的形式存于 BX 中,然后转换为十六进制数,2 位非压缩型 BCD 码转换为十六制数利用了 BCD 码除法调整指令 AAD。

因为正弦函数表是一个双字节的数据表,所以 BX 中的十六进制度数必须乘 2 转换为正弦函数表的地址位移量,用此位移量查正弦函数表,得到对应角度度数的正弦函数值。为了节省寄存器,查得的正弦函数 4 位小数值(压缩型 BCD 码)还是存于 BX 中。这里的关键在于用“MOV BX,SIN[BX]”指令进行查表,此指令执行前 BX 中的值是地址,执行后就转换为函数值了。这种源操作数和目的操作数使用同一个寄存器的用法在各种 CPU 的指令系统中一般都是允许的,这种用法是编写高效率汇编语言程序的常用技巧,同学们要仔细体会和掌握。当然,在这里,查表也可以

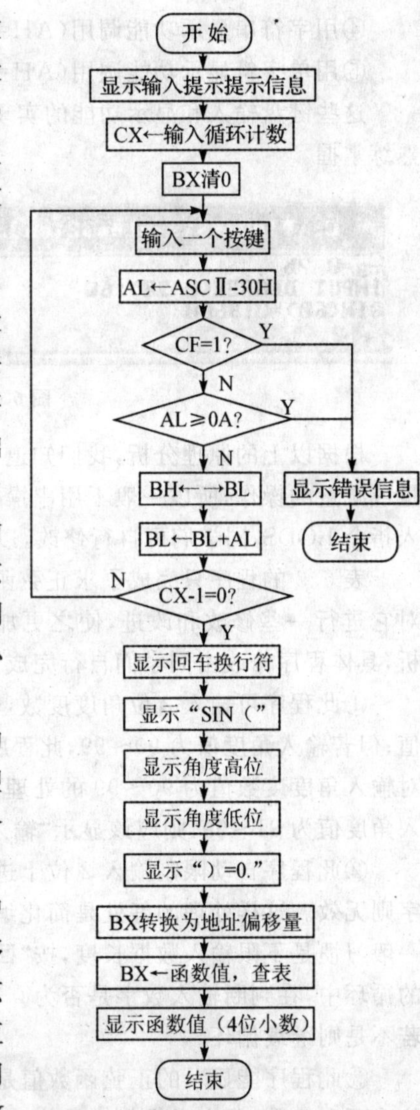

图 6.1 求正弦函数程序流程

用查表指令 XLAT 或串操作指令 LODSW,但不如用 MOV 指令简单,同学们可自行练习修改。

程序运行界面如图 6.2 所示,为了使显示直观明了,显示分 2 行。第一行显示输入提示信息及输入的角度值,分别用字符串显示功能调用(AH=9)和键盘输入功能调用(AH=1)实现。第二行显示结果信息,全部结果信息分成 5 部分进行显示。

结果提示信息 ECHO2 为“SIN($)=0.$”,其中有 2 个“$”符作为显示字符串的结束符,所以实际上是分成 2 段显示。查表功能是在第 2 行显示的第④步和第⑤步之间进行的。第 2 行显示功能如下:

①用 CRLF 宏指令显示回车符和换行符,使结果显示从下行的第一列开始;

②用字符串显示功能调用(AH=9)显示“SIN(”4 个字符;

③用单字符显示功能调用(AH=2)显示 BX 中的 2 位角度度数;

④用字符串显示功能调用(AH=9)显示“)=0.”4 个字符;

⑤用单字符显示功能调用(AH=2)循环显示 BX 中的 4 位正弦函数值的小数部分。

这些键盘输入和显示功能的实现都应用了第五章的讲授知识,同学们要好好复习、理解并熟练掌握。

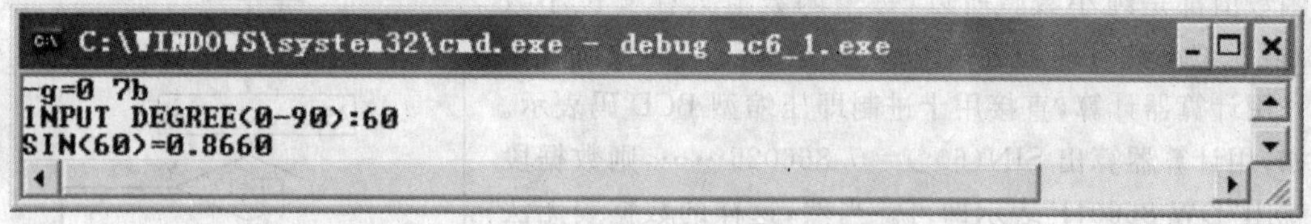

图 6.2 求正弦函数程序运行界面

根据以上的原理分析,我们知道,这种已知地址查地址中的数据的查表程序不需要地址增量或减量的操作,所以一般不用串操作指令进行查表。当然若要用串操作指令,则可以用串装入指令 LODS,同学们可自行修改,以掌握串操作指令的用法。

表 6.3 的程序只完成了求正弦函数的基本功能,在读懂此查表程序的基础上,我们还可以对它进行一些修改和改进,使之更加实用和通用。以下列举几点,就编程原理和方法进行分析,具体程序修改由同学们自行完成。

①此程序可输入 2 位角度度数,输入角度值为 00~89 时,此程序能求得正确的正弦函数值;但若输入角度值为 90~99,此程序会照常显示结果,但却是错误的。所以程序中应该增加对输入角度度数值为 90~99 的处理。若输入角度值为 90,则应该显示正弦函数值为 1;若输入角度值为 91~99,则应该显示“输入太大”的错误信息。

②此程序自动限制输入 2 位十进制数,输入第 1 位数后等待第 2 位数,若输入多于 2 位数字则无效。这样处理的好处是简化编程,但不符合输入数据操作的一般习惯,数据输入操作的一般习惯是不限输入数据长度,按“回车”键则输入结束。程序可以这样修改:在输入角度度数的循环中,在判断输入数字是否为 0~9 之前,先判断按键是否是“回车”键,若是则结束循环,若不是则继续循环。

③此程序能显示的正弦函数值是 4 位小数。若要求提高函数值的精度,显示改为 8 位、10 位或更多位数,程序也是很容易修改的。首先,数据段中定义函数值的 DW 伪指令改为相应 DD、DT 指令等;然后,程序中十六进制角度值转换为表格中地址偏移量时的“BX 乘 2”计算相应地改为“乘 8”、“乘 10”等。

提高函数值显示精度,还有一种有效的方法是将十进制(BCD 码)显示改为十六进制显示。因为，2 字节压缩型 BCD 码能表示的小数的最大精度是 0.0001(10^{-4})，而 2 字节十六进制数能表示的小数的最大精度是 2^{-16}(约 0.000015)。

将正弦函数值表由十进制转换为十六进制的方法很简单，还是以“SIN(60°)＝0.866025……”为例：

0.86625×65536＝56755.84……，取整转换为十六进制为 DDB3H，

则数据段中就用“DW 0DDB3H”表示。

若正弦函数值要用 8 位、10 位或更多位数的十六进制表示，转换的原理与 4 位十六进制是一样的，同学们可自行练习。本书 4.7 节详细讨论了 BCD 码与十六进制小数转换的人工计算和程序转换的原理，同学们要好好复习并熟练掌握。

④从数学上看，正弦函数自变量可以是任意角度值，利用正弦函数的周期性和对称性，数据段中只存 0～89(整数)度数的正弦值，可以求任意(整数)角度的正弦值。

原程序中用 BX 暂存输入的角度(BCD)值，将 2 位角度值输入改为 4 位输入，则最大可计算 9999 度的正弦值，若角度值更大，则要多占用一个寄存器暂存角度值。

对于正弦函数，有以下三个恒等式：

SIN(360＋X)＝SIN(X)、SIN(180＋X)＝－SIN(X)、SIN(90＋X)＝SIN(90－X)

设输入角度值转换为十六进制值为 X，基本算法是这样的：

(1)初始化正弦函数值符号为正；

(2)X÷168H(即 360)，余数→X；

(3)若 X＞B4H(即 180)，则 X－B4H→X，正弦函数值符号取负；

(4)若 X＞5AH(即 90)，则 X－5AH→X，5AH－X→X，(等效于 B4H－X→X)；

(5)若 X＝5AH，则正弦函数值为 1，若 X≠5AH，用 X 值查函数表，得正弦函数值；

(6)符号部分与函数值部分组合为所求结果。

⑤此程序只能求整数角度值的正弦函数值，但实际上，正弦函数的自变量是连续变化的，即可以取任意带小数值。那么如何改进查表法程序，以便求任意带小数角度值的正弦函数值呢？

第一种方法是增加函数值表的点数，按角度取值的小数位数，以 0.1 度、0.01 度或更小的步进列正弦函数值表。在这种方法中，角度的小数位数每增加 1 位，函数值表就扩大 10 倍。因为函数值表需要人工计算，工作量也就大大增加。所以若角度值的小数位数较多，这种增加函数值点数的方法是不适用的。

第二种方法是线性近似法，将相邻 2 个整数角度值间的正弦函数关系近似为线性关系，即在函数图像上，用线段连接各个整数角度的正弦函数值，整个正弦函数用一条连续的折线近似。据粗略的估计，这种方法求得的非整数角度的正弦函数值的相对误差小于万分之一，这种精度能满足大部分应用的要求。从数学上看，线性近似法的原理是很简单的，请同学们自行推导计算公式。

在线性近似法中，若要求 2 个整数角度的中点处的函数值，可称为平均近似法。例如，用计算器可算出：SIN(30°)＝0.5、SIN(31°)＝0.515038、SIN(30.5°)＝0.507538，

平均近似法可算出 SIN(30.5°)＝0.507519；相对误差为－0.00374％

角度输入为带小数值时，程序修改的基本思路如下：输入 3 位或 4 位角度值，其中最后 1 位或 2 位为小数部分；用整数部分查表得此整数角度值及下一个整数角度值对应的正弦函数值；将这 2 个函数值及角度的小数部分代入线性近似公式，即可算出带小数角度的正弦函数值。线性近似计算过程要用到多字节乘法和加法程序，平均近似计算则只需进行“相加除 2”

的运算。具体修改程序时还有一些细节问题要处理,如:输入角度值的整数部分和小数部分的拆分,两次查表的实现等。

⑥根据三角函数公式 COS(X)=SIN(90-X)可以求余弦函数。将同一角度的正弦和余弦函数值相除就可以求得正切或余切函数值,当然正切和余切的函数值有可能是无穷大,具体处理时要注意。

在自变量和函数值都在一定区间内变化的前提下,查表法求正弦函数的方法同样适用于其他数学函数。

⑦若输入数据不是角度值,而是弧度值,则要先将弧度值转换为角度值再查表。

同学们如果发现此程序还有哪些不完善的地方,还可进一步对此程序进行改进。实际上,这种程序修改、改进的练习是提高编程能力的一个非常有效的手段。从另一个角度看,编写一个功能、流程较复杂的程序时,我们可以先将基本、主要功能部分的流程画出,编写并调试好这部分程序;然后,在保持程序基本框架不变的前提下,加入各项辅助功能并调试;最后,对完整程序再进行总体调试。掌握这种化繁为简、各个击破的编程方法才有可能成为编程高手。

6.3.2 顺序搜索程序

假定数据段中有一个无符号数的字节数组,数据长度已知,查找其中是否含有某已知的字节数据(称为关键字节),若有则删除之。无符号数字节数组是无序排列的,查找只能用顺序搜索的方法。从第一个元素开始,数组中每个元素与关键字节比较,若相等,则已找到;若不相等,则地址指向下一个元素继续比较,直至最后一个元素。这种串搜索功能可以用串操作指令 SCAS 实现。

数组元素的删除操作实际上是数组元素的重复移动操作,从要删除元素的下一个地址开始;每个元素向前一个地址移动,直至最后一个元素,最后将数组长度减 1。若要删除的元素正好是数组的最后一个元素,则不必进行移动操作。数组中可能有多个元素与关键字节相等,所以还要保证整个数组搜索一遍。数组的移动可用串操作指令 MOVS 实现。

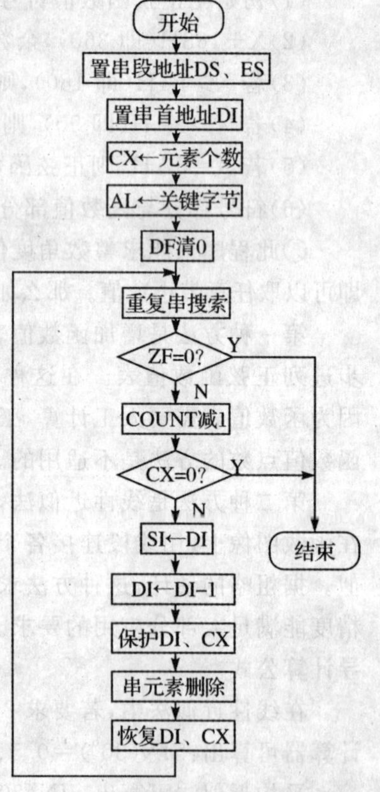

图 6.3 顺序搜索程序流程

流程如图 6.3 所示,程序清单如表 6.4 所示。

表 6.4 顺序搜索程序

```
DATA SEGMENT
    BUF   DB 21,00,11,90,15,34,57,60,78,97     ;数组
    COUNT DW $-BUF                             ;数组元素个数
    KEY   DB 60                                ;关键字节
DATA ENDS
CODE SEGMENT
    ASSUME CS:CODE,DS:DATA
START:
    MOV  AX,DATA
    MOV  DS,AX                 ;源串在 DATA 段中
    MOV  ES,AX                 ;目的串也在 DATA 段中
```

```
    LEA   DI,BUF           ;串搜索是对目的串操作
    MOV   CX,COUNT         ;元素个数就是串操作最多重复次数
    MOV   AL,KEY           ;关键字节存 AL 中
    CLD                    ;地址增量
NEXT:
    REPNZSCASB             ;重复串搜索
    JNZ   FINISH           ;未找到,则结束
    DEC   COUNT            ;找到,则元素个数减 1
    JCXZ  FINISH           ;找到的是最末元素,则结束
    MOV   SI,DI            ;置源串首地址
    DEC   DI               ;置目的串首地址
    MOV   BX,DI            ;保护剩余串首地址
    MOV   BP,CX            ;保护剩余串字节数
    REP   MOVSB            ;重复串传送,即删除操作
    MOV   DI,BX            ;恢复剩余串首地址
    MOV   CX,BP            ;恢复剩余串字节数
    JMP   NEXT             ;继续下一次串搜索
FINISH:
    MOV   AH,4CH           ;结束,返回 DOS
    INT   21H
CODE  ENDS
END     START
```

数据段中伪指令“COUNT DW ＄－BUF”定义了数组元素个数,这样定义的好处是,若BUF 中元素个数有变化,COUNT 中的值可自动变化。根据元素个数多少,用 DB 定义也是可以的,本程序中用 DW 定义是为了方便传送给 CX。可以不可以改为“COUNT EQU ＄－BUF”? 同学们可以思考一下。

同学们还可思考以下 2 个问题:一是字节数组改为字数组时,程序应如何修改? 二是数组元素从无符号数改为带符号数时,程序是否需要修改? 为什么?

调试此程序时要注意可能出现的各种情况都必须检查,如关键字节正好在第一元素位置、最后一个元素位置,以及有多个元素与关键字节相等的情况。

从以上程序可以看出,顺序搜索程序的流程较简单,但程序执行时间较长,数组元素个数特别多是就不适用,应该采用后续章节的方法,先将数组排序,再对分搜索。

6.4 表处理程序实验(1)

6.4.1 实验目的

(1)掌握用查表法实现数学函数计算的基本原理和基本编程方法;

(2)掌握串操作指令及其重复前缀的功能与应用;

(3)掌握顺序搜索程序及数组元素删除操作的编程方法。

6.4.2 实验准备

(1)读懂表 6.3、表 6.4 程序,仔细理解编程原理和方法。

(2)按照实验内容要求修改程序。

(3)按照实验内容要求画好调试数据记录表,并准备好供调试的原始数据。表 6.5、表 6.6 是一个样例,其他表格自制。

6.4.3 必做实验

(1)对表 6.3 的查表法求正弦函数值程序进行验证,将调试数据填入表 6.5 中。

表 6.5 查表法求正弦函数程序调试数据记录(一)

程序功能			
编号	角度值	正弦函数值	
		计算器计算结果	程序显示结果
1			
2			
3			
4			

(2)对表 6.4 的顺序搜索及元素删除程序进行验证,将调试数据填入表 6.6 中。

表 6.6 顺序搜索及元素删除程序调试数据记录(一)

程序功能					
编号	程序运行前			程序运行后	
	数组	关键字节	元素个数	数组	元素个数
1					
2					
3					
4					

(3)修改表 6.4 程序,将已知数组改为带符号数字数组,关键字节改为字,完成相同的搜索和删除功能。验证程序的正确性,填写调试数据记录。

(4)修改表 6.3 程序,正弦函数表中每个函数值由 2 字节改为 4 字节。验证程序的正确性,填写调试数据记录。

(5)修改表 6.3 程序,使之能处理 90～99 的角度输入。验证程序的正确性,填写调试数据记录。

6.4.4 选做实验

(1)修改表 6.3 程序,使之能用"回车"结束角度输入。验证程序的正确性,填写调试数据记录。

(2)修改表 6.3 程序,使之能求 0～360 度的正经弦函数值。验证程序的正确性,填写调试数据记录。

(3)修改表 6.3 程序,使之能以 0.5 度的步进输入角度值并求得其正弦函数值,可采用平均近似算法。验证程序的正确性,填写调试数据记录。

6.4.5 思考题

(1)以查表法为基础进行编程,实现求余弦、正切、余切等其他三角函数值。进而思考哪些数学函数的计算可以用查表法实现?

(2)查阅相关参考书,了解"泰勒级数展开法"求数学函数值的高级语言编程方法,并思考在汇编语言编程中如何借用此方法。

6.5 排序程序和对分搜索程序

6.3 节的顺序搜索程序流程较简单,只是一重循环。但当数据量很大时,程序的执行时间很长,效率低。为了提高搜索程序的执行效率,我们可以对数组按从小到大或从大到小进行排序,对排序后的数组的搜索就可以用对分搜索的方法。对分搜索比顺序搜索效率大大提高,排序程序要额外花费时间,但这个时间是一次性的,对搜索效率不影响。

在高级语言编程中,排序程序和对分搜索程序也是很常用很典型的程序,在计算机专业的《数据结构》这门课中,对如何提高各种排序程序和搜索程序的效率有专门的研究。排序算法和搜索算法的基本原理与所选用的编程语言是无关的,所以,编写汇编语言的排序程序和搜索程序时,可以借鉴高级语言的方法。

6.5.1 排序程序

假定数据段中有一个带符号字数组,元素个数已知,要求对其进行从小到大的排序。排序程序的基本原理是冒泡排序或者沉底排序。以沉底排序为例,基本原理是这样的:首先第一个元素和第二个元素比较,若第一个元素比第二个元素小或相等则不交换;若第一个元素比第二个元素大,则两个元素进行交换。接着同理进行第二个元素和第三个元素的比较和交换操作,如此重复,直至倒数第二个元素与最后一个元素比较交换后,整个数组中最大的一个元素就移到了最后一个元素的位置。将待排序的元素个数减 1,重复以上过程,就可以将次大元素移到倒数第二个元素的位置。当待排序的元素个数减至 1 时,整个数组的排序就完成了。排序程序流程如图 6.4 所示,程序清单如表 6.7 所示。

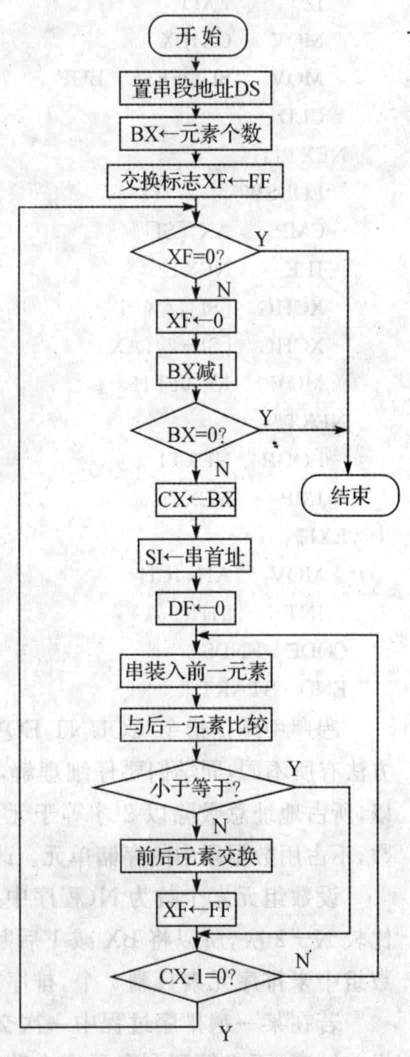

图 6.4 排序程序流程

表 6.7 排序程序

```
DATA SEGMENT
  BUF     DW 1234H,5678H,9ABCH,0DEF0H   ;带符号字
                                          数组
          DW 2345H,6789H,0ABCDH,0EF01H
```

```
    COUNT EQU  ($-BUF)/2                    ;元素个数
    XF      EQU DL                          ;交换标志
  DATA ENDS
  CODE SEGMENT
  ASSUME CS:CODE,DS:DATA
  START:
    MOV   AX,DATA
    MOV   DS,AX
    MOV   BX,COUNT                          ;元素个数存 BX 中
    MOV   XF,0FFH                           ;交换标志 0FFH="有交换"
  NEXT:
    CMP   XF,0                              ;交换标志 0="无交换"
    JE    EXIT                              ;若"无交换",则排序结束
    MOV   XF,0                              ;若"有交换",则继续下一趟排序
    DEC   BX                                ;剩余元素个数减 1,作为比较次数
    JZ    EXIT                              ;剩余元素个数为 1,则排序结束
    MOV   CX,BX                             ;比较次数赋给 CX
    MOV   SI,OFFSET BUF                     ;数组首地址
    CLD                                     ;地址增量
  NEXT1:
    LODSW                                   ;取前一个元素到 AX
    CMP   AX,[SI]                           ;与后一个元素比较
    JLE   NEXT2                             ;小于或等于则不交换
    XCHG  [SI],AX                           ;前后 2 个元素交换
    XCHG  [SI-2],AX                         ;可改为 MOV [SI-2],AX
    MOV   XF,0FFH                           ;置交换标志为"有交换"
  NEXT2:
    LOOP  NEXT1                             ;循环
    JMP   NEXT                              ;继续下一趟排序
  EXIT:
    MOV   AH,4CH
    INT   21H
  CODE  ENDS
  END  START
```

程序中用伪指令“COUNT EQU ($-BUF)/2”定义了数组元素个数,与表 6.4 程序的定义方法有所不同,同学们要仔细理解,灵活运用。首先,因为本程序的数组元素是字即双字节,所以,所占地址总数除以 2 才等于元素个数。其次,用 EQU 定义 COUNT,则 COUNT 是符号常数,不占用数据段中的存储单元。改用 DW 也可以,但 COUNT 就变成变量,要占用存储单元。

设数组元素个数为 N(程序中用 BX 暂存),则第一趟排序要比较 N-1 次,第二趟排序要比较 N-2 次,所以将 BX 减 1 后赋给 CX 作为一趟排序的循环次数。若 BX 减 1 后为 0,说明数组中未排序元素只剩 1 个,排序操作已全部完成。

若在某一趟排序过程中一次交换也没发生,则说明数组已从小到大排好序,排序操作可以提前结束,不必等到剩余元素个数减为 1 才结束。为了能在这种情况下提早结束排序操作,以

提高排序效率，程序中设置了一个交换标志（用 DL），值为 0 表示"未交换"，值为 0FFH 表示"有交换"。每趟排序前先判断交换标志是否为 0，若为 0 则程序马上结束；若不为 0 才进行一趟排序。实际上任何非 0 值的交换标志都可以表示"有交换"。

同学们还可以思考一下，若带符号字数组改为无符号字节数组，则程序应如何修改？

调试此程序时要注意，数组是双字节的带符号数，在数据段中是按低地址低字节，高地址高字节的顺序存储，高字节中的最高位是符号位。既然是带符号数组的排序，选取数据应该有正有负。至少应该考虑 3 种不同的情况进行验证，一是一般的情况，即原始数据的排列是无序的，大小交替，也可能有相等的元素；二是最好的情况，即原始数据已按由小到大排列；三是最坏的情况，即原始数据由大到小排列。

如果没有认真对以上 3 种情况进行验证，可能程序中有错误却发现不了。例如，初学者很容易犯的一个错误是，程序中在"DEC BX"指令后少了"JZ EXIT"指令，调试时很难发现这个错误。当你取的原始数组碰巧最末一个元素是最小值且无其他元素与之相等时，这个错误可以发现；除此之外，你取再多组的数据进行验证也是徒劳。但我们若取了前面所说的第 3 种情况（即原始数组的元素由大到小排列）进行验证，则这个错误就会暴露无遗。

通过这个例子，同学们要认真思考以下问题：为什么说"'DEC BX'指令后少了'JZ EXIT'指令"是错误的？这个错误会导致什么后果？在调试现象上会有何表现？表处理类程序调试时应该注意些什么问题？编写程序时，一点错误也不犯是不可能的，越是经验丰富的程序员越会认识到自己的程序可能有错误，但新手往往总以为自己的程序没有错误。所以，编写程序有错误不是一件可怕的事，最可怕的事是有错误没查出来！实际上，在计算机应用的六十多年历史进程中，因为程序错误导致重大损失的事例举不胜举。

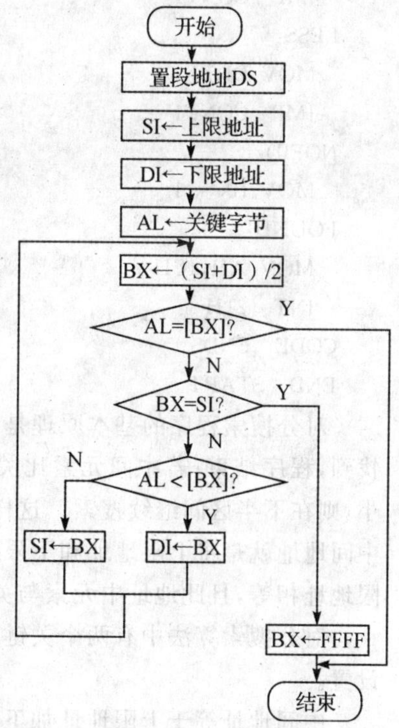

图 6.5 对分搜索程序流程

6.5.2 对分搜索程序

数据段中已知一个已从小到大排序的无符号字节数组，查找其中是否有等于关键字节的元素，若找到则将其删除，若找不到则按大小顺序插入到相应位置。对分搜索程序流程如图 6.5 所示，程序清单如表 6.8 所示，其中插入和删除操作由同学们补充完整。

表 6.8 对分搜索程序

```
DATA  SEGMENT
  BUF  DB 00,11,15,21,34,57,60,78,90,97     ;数组
  KEY  DB ?                                 ;关键字节
DATA  ENDS
CODE  SEGMENT
ASSUME CS:CODE,DS:DATA
START:
  MOV AX,DATA
  MOV DS,AX
```

```
    MOV SI,OFFSET BUF          ;SI 指向第一个元素
    MOV DI,KEY-BUF
    ADD DI,SI                  ;DI 指向最末元素的下一个地址
    MOV AL,KEY                 ;关键字节存 AL 中,准备比较
CONT1:
    MOV BX,SI
    ADD BX,DI
    SHR BX,1                   ;SI 与 DI 相加除 2,得到中间地址存 BX 中
    CMP AL,[BX]                ;关键字节与中间地址元素比较
    JZ  FOUND                  ;为 0 即相等,则找到
    CMP BX,SI                  ;中间地址与上限地址比较
    JZ  NOFID                  ;若为 0 即相等,则没找到
    CMP AL,[BX]                ;关键字节与中间地址元素再次比较
    JC  LESS                   ;关键字节较小,则跳转
    MOV SI,BX                  ;关键字节较大,则在下半区间继续搜索
    JMP CONT1
LESS:
    MOV DI,BX                  ;关键字节较小,则在上半区间继续搜索
    JMP CONT1
NOFID:
    MOV BX,-1                  ;BX=0FFFFH 作为"未找到"标志
FOUND:                         ;找到,则 BX 为等于关键字节元素的地址
    MOV AH,4CH
    INT 21H
CODE ENDS
END START
```

对分搜索程序的基本原理是:首先,取数组中间地址的元素与关键字节比较,若相等则已找到,程序结束;若中间元素比关键字节大,则在上半区间继续搜索;若中间元素比关键字节小,则在下半区间继续搜索。这样每次将搜索区间缩小一半,效率比顺序搜索大大提高。计算中间地址就是将上限地址和下限地址相加除 2,除不尽取整,所以若计算出来的中间地址与上限地址相等,且此地址中元素与关键字不相等,则说明此数组中不包含等于关键字节的元素。

对分搜索算法中有两个关键问题必须理解,一是下限地址的初始值,二是循环结束条件的设置。

中间地址等于上限地址加下限地址除 2,很显然,上限地址的初始值就是数组中第一个元素的地址,那么下限地址的初始值是不是就是数组中最末元素的地址呢?回答是否定的,下限地址的初始值是最末元素的下一个地址!因为中间地址的计算是取整的计算,所以,若上限地址和下限地址已经达最邻近时,计算所得的中间地址等于上限地址,因此,与关键字节比较的元素是上限地址中的元素,下限地址中的元素肯定不会被取出与关键字节比较。若下限地址的初始值设置为最末元素的地址,则最末地址中的元素肯定不会被取出与关键字节比较,这等于把最末元素排除在数组之外。所以,要将下限地址的初始值设置为最末元素的下一个地址,最末元素才能参加比较。通过这个问题的分析,我们看到,表处理程序中,地址指针初始值的设置必须根据实际问题仔细分析,否则容易犯错。

与前面章节中的大部分程序举例相同，对分搜索程序是一个循环程序。不同之处在于，前面章节中的循环程序的循环结束条件大都是计数控制，循环体由一条 LOOP 指令或者由“减1”和“判断非零跳转”两条指令结束，而此对分搜索程序的循环体结束处是一条无条件跳转指令，循环体中若满足“AL=[BX]”或“BX=SI”条件则跳出循环体。前一种方法是循环次数确定的情况下控制循环结束的方法，后一种方法是循环次数不确定的情况下控制循环结束的方法。

除了以上两个关键问题外，还有一个问题必须注意，就是此对分搜索程序对数组的大小和存放位置有否限制？这个问题与求中间地址的算法有关。因为上限地址和下限地址分别用 SI、DI 表示，它们的最大值是 0FFFFH，程序算法是 SI 和 DI 相加后存 BX 中，然后用 SHR 指令除 2，BX 的最大值也是 0FFFFH，所以，SI 和 DI 相加不能超过 0FFFFH。如果数组大小超 32K，即使首地址是 0000H，SI 和 DI 相加也有可能超过 0FFFFH；如果数组小于 32K，但首地址不是 0000H，SI 和 DI 相加也有可能超过 0FFFFH；若下限地址初值小于或等于 8000H，则以上 2 个问题都不存在。因此，最关键的限制条件是下限地址初值必须小于或等于 8000H，也就是说数组大小必须小于 32K 且存放位置限制在 0～7FFFH 范围内。若将 SHR 指令改为 RCR 指令，因为 RCR 是带 CF 标志的右移指令，SI 和 DI 相加的进位就不会丢失，SI 和 DI 取值就可以达到 0FFFFH，也就是说，待搜索数组最大可以 64K。从以上数组大小和存放位置限制问题的分析可以看出，一条指令的选择对整个程序的功能有多大的影响。所以，同学们必须仔细体会这些细微的差别，力求精益求精。

表 6.8 的程序是无符号数字节数组的对分搜索程序，带符号数数组的对分搜索原理是完全相同的，字数组的对分搜索与字节数组的对分搜索的原理也是完全相同的。同学们可以将表 6.8 的程序修改为带符号字数组的对分搜索程序并调试验证。下面简单提示修改的方法：将程序中的无符号数条件跳转指令改为带符号数条件跳转指令，就可以实现带符号数数组的排序。字节数组排序改为字数组排序时要注意的关键问题是必须保证计算出的中间地址指向字元素的第一字节，若指向第二字节，则会将此字节与下一元素的第一字节当成一个字元素。

数组元素的删除和插入操作的基本原理都是串的移动。要增加删除和插入操作，修改程序时要注意以下几点：

首先，必须在数据段中增加一个变量存储数组长度，当删除操作完成时将其减 1，当插入操作完成时将其加 1。

其次，在原数组的尾部要为插入元素预留适当大小的空间。

第三，删除操作的串移动必须从要删除的元素地址开始，到数组最末元素结束，6.3 节的顺序搜索程序中已有删除功能，同学们可参考。

第四，插入操作时的数组元素移动必须从数组的最末元素开始，到插入地址处结束，也就是说串传送后地址要减量处理，即必须将方向标志 DF 置 1，这一点与删除操作不同。

第五，若要删除的元素正好是最末元素或者要插入元素的地址正好是最末地址，则不需要进行数组元素的移动操作，这种情况要与一般情况区分处理。同学们可以按照以上提示对流程图进行细化，然后修改程序并调试验证。

表 6.8 的排序程序没有考虑数组中有相等元素，而且关键字节正好等于这个元素的情况。在这种情况下，只能找到其中一个元素，而且找到哪个元素是随机的。实际上，数组中有相等元素的情况是很常见的，在这种情况下，只找到其中一个元素是不够的，对分搜索程序必须能把所有等于关键字节的元素都找到。修改程序思路的是这样的：用对分搜索找到其中一个等

于关键字节的元素后，再用顺序搜索向前、向后一个元素一个元素地搜索，直至全部找到为止。因为在按大小顺序排列的数组中，所有相等的元素肯定是紧靠在一起排列。若要将此功能与删除功能综合考虑，则有新的思路：找到其中一个等于关键字节的元素后，把它删除，在已做删除操作后新数组中重新进行对分搜索，就可以找到下一个等于关键字节的元素，再删除，再对分分搜索，直至所有等于关键字节的元素找到并删除为止。

从如何取数据对程序进行调试的角度看，对分搜索程序是最为典型的，要考虑的情况较多，必须特别注意。如果遗漏了某些情况，则有可能使程序留下缺陷或错误。具体讲，对分搜索程序的调试必须考虑以下 6 种情况：

①关键字节等于第一个元素；

②关键字节等于最后一个元素；

③关键字节等于中间某一个元素；

④关键字节比第一个元素小；

⑤关键字节比最后一个元素大；

⑥关键字节比第一个元素大，比最后一个元素小，但不等于任一元素。

其中，前 3 种情况是数组中存在等于关键字节的元素的情形，后 3 种情况是数组中不存在等于关键字节的元素的情形。③⑥两种情形比较明显，一般不会被遗漏。其余 4 种情形容易被忽略，这 4 种情形都属于边界情况。边界情况是指与首元素或末元素有关的情况，编写表处理程序时，最容易在数组的边界元素处理上犯错，所以边界情况的调试不是可有可无，而是必须特别重点进行调试。

例如，前面分析的下限地址初值设置问题，若将下限地址初值置为最后一个元素的地址，则在以上 6 种情况的调试验证中，你会发现除第②种情况外，其余情况验证结果都是正确的。但在第②种情况，即“关键字节等于最后一个元素”的情况下，程序的运行结果是“找不到”，这显然是错误的。所以，若漏取第②种情况进行调试验证，这个错误就发现不了。

再看下面的情况，我们将表 6.8 程序稍加修改，如表 6.9 所示。表面上看表 6.9 程序与表 6.8 程序基本上没有差别，只是为了省掉一条“CMP　AL,[BX]”，将“CMP　BX,SI”移后进行。但在以上 6 种情况的调试验证中，你会发现除第⑤、⑥种情况外，其余情况验证结果都是正确的。但在第⑤、⑥种情况，即“关键字节比最后一个元素大”的情况和“关键字节比第一个元素大，比最后一个元素小，但不等于任一元素”下，程序会陷入死循环。从此例子可以看出，程序的 点点改变，对结果可能产生多大的影响。

调试验证程序时，我们必须抱着怀疑一切的态度，不能静态地分析程序的流程的正确性和所用指令的正确性来判断程序的正确性。程序正确性的唯一判据是程序的运行结果!!! 程序错误有多种表现形式，不要以为运行结果不符合设定目标才是程序错误，程序发生死循环、跳出本程序范围、数据段中数据非正常移动、代码段中程序机器码产生移动或混乱等等情况的发生也肯定是程序错误造成的。

若在编程调试阶段未能将程序的错误找出并更正，则在程序投入使用运行的阶段中，如果程序错误暴发出来，会产生非常严重的后果，造成重大经济损失，这样的例子是很多的。所以，我们在学习编程时，必须牢记以下几点：

①只有程序调试正确了，才是编程工作完成了；

②程序调试是编程过程中最重要的一个步骤，需要的时间和精力远远超过编写程序；

③只有 100％正确的程序才是有用的程序！

表 6.9 有错误的对分搜索程序

```
DATA SEGMENT
  BUF DB 00,11,15,21,34,57,60,78,90,97     ;数组
  KEY DB ?                                 2;关键字节
DATA ENDS
CODE SEGMENT
ASSUME CS:CODE,DS:DATA
START:
  MOV AX,DATA
  MOV DS,AX
  MOV SI,OFFSET BUF                        ;SI指向第一个元素
  MOV DI,KEY-BUF
  ADD DI,SI                                ;DI指向最末元素的下一个地址
  MOV AL,KEY                               ;关键字节存AL中,准备比较
CONT1:
  MOV BX,SI
  ADD BX,DI
  SHR BX,1                                 ;SI与DI相加除2,得到中间地址存BX中
  CMP AL,[BX]                              ;关键字节与中间地址元素比较
  JZ  FOUND                                ;为0即相等,则找到
  JC  LESS                                 ;关键字节较小,则跳转
  MOV SI,BX                                ;关键字节较大,则在下半区间继续搜索
  JMP CONT1
LESS:
  MOV DI,BX                                ;关键字节较小,则在上半区间继续搜索
  CMP BX,SI                                ;中间地址与上限地址比较
  JZ  NOFID                                ;若为0即相等,则没找到
JMP CONT1
NOFID:
  MOV BX,-1                                ;BX=0FFFFH作为"未找到"标志
FOUND:                                     ;找到,则BX为等于关键字节元素的地址
  MOV AH,4CH
  INT 21H
CODE ENDS
END START
```

6.6 表处理程序实验(2)

6.6.1 实验目的

(1)掌握排序程序和对分搜索程序基本编程原理和基本编程方法;

(2)掌握无符号数条件跳转指令和带符号数条件跳转指令的应用;

(3)掌握数组元素的删除操作和插入操作的编程方法;

(4)进一步掌握程序调试验证的思想及选取验证数据的原则。

6.6.2 实验准备

(1)读懂表 6.7、表 6.8 程序,仔细理解编程原理和方法。

(2)按照实验内容要求修改程序。

(3)按照实验内容要求画好调试数据记录表,并准备好供调试的原始数据。表 6.10、表 6.11 是一个样例,其他表格自制。

6.6.3 必做实验

(1)对表 6.7 的排序程序进行验证,将调试数据填入表 6.10 中。

表 6.10 排序程序调试数据记录(一)

程序功能		
编号	排序前数组	排序后数组
1		
2		
3		
4		

(2)对表 6.8 的对分搜索程序进行验证,将调试数据填入表 6.11 中。

表 6.11 对分搜索程序调试数据记录(一)

程序功能						
编 号	程序运行前			程序运行后		
	数组	关键字节	元素个数	BX	SI	DI
1						
2						
3						
4						
5						
6						

(3)修改表 6.7 程序,将已知数组改为无符号数字节数组,完成相同的排序功能。验证程序的正确性,填写调试数据记录。

(4)修改表 6.8 程序,将已知数组改为带符号数字数组,关键字节也相应改为带符号字,完成相同的对分搜索功能。验证程序的正确性,填写调试数据记录。

(5)修改表 6.8 程序,增加关键字节的删除和插入功能,即,若找到等于关键字节的元素,则将其删除,若找不到等于关键字节的元素,则将关键字节按大小位置插入。验证程序的正确性,填写调试数据记录。

(6)对表 6.9 有错误的对分搜索程序进行验证调试,填写调试数据记录,与(2)的结果比较。

6.6.4 选做实验

(1)修改表 6.8 的对分搜索程序,考虑有相等元素的情况。验证程序的正确性,填写调试数据记录。

(2)设数据段中有某个班级 100 名学生的成绩表,每名学生的数据占 24 个字节,按顺序是:学号 4 字节,姓名 4 字节,总分 4 字节,名次 2 字节,科目 1 成绩 2 字节,……,科目 5 成绩 2 字节,整个表格共 2400 字节。设除总分和名次外,其他数据都是已知的。要求编写并调试程序,实现的功能是:计算每名学生的总分,按总分由高到低顺序重新排列表格,若总分相同则按科目 1 的成绩高低排列,填写每名学生的名次。

(3)已知的成绩表如(2),编写并调试程序,实现的功能是:输入学生姓名,显示此名学生的总分和名次及各科成绩。可用顺序搜索法或对分搜索法。

6.6.5 思考题

(1)本章讲解的“沉底排序”或“冒泡排序”采用了最基本的排序算法,实际上在高级语言编程中,还有效率更高的排序算法可以采用。请查阅相关参考书,了解各种高效率的排序算法的编程原理,并思考在汇编语言编程中如何实现。

(2)本章讲解的对分搜索程序采用了最基本的对分搜索算法,实际上在高级语言编程中,还有效率更高的搜索算法可以采用。请查阅相关参考书,了解各种高效率搜索算法的编程原理,并思考在汇编语言编程中如何实现。

习题

6.1 三条串操作重复前缀与五条串操作指令之间,哪些组合是有意义的?哪些组合是没有意义的?为什么?

6.2 将例 6.1 的功能改为用循环程序实现。

6.3 将例 6.2 的功能改为用循环程序实现。

6.4 用单标志位条件跳转指令实现无符号数条件跳转指令 JA/JNBE 和 JBE/JNA。

6.5 用单标志位条件跳转指令实现带符号数条件跳转指令 JGE/JNL 和 JL/JNGE。

6.6 用单标志位条件跳转指令实现带符号数条件跳转指令 JG/JNLE 和 JLE/JNG。

第七章　子程序及其参数传递

在高级语言编程中，常见的程序结构是，主函数调用子函数，子函数再调下一级子函数，这也是模块化程序设计所要求的基本结构。调用函数与被调用函数间的参数传递是用实际参数与形式参数一一对应的方法实现的。汇编语言编程中，与高级语言的函数对应的结构是子程序或称为过程，主程序调用子程序及从子程序返回主程序的基本原理与函数的调用和返回原理是一样的，但参数传递有多种方法，且原理较复杂。本书第五章的程序已经使用了主程序调用子程序的结构，但只是比较简单的情况。本章重点讨论主程序与子程序参数传递的各种方法，与此问题相关的子程序中保护现场和恢复现场的问题也要详细讨论。在讨论这些重要原理之前，先详细介绍调用指令和返回指令。

7.1　子程序调用和返回指令

高级语言中，函数调用的格式是带括号的函数名，返回时不需要专门的返回语句，执行完函数中最后一条语句后自动返回主函数。汇编语言中，必须用调用指令调用子程序，用返回指令返回主程序。调用指令与返回指令配合，实现子程序的调用和返回。

子程序调用指令和返回指令均对标志无影响，与 3.1 节所述的跳转指令同属转移类指令。

7.1.1　调用指令

与无条件跳转指令相同，根据目的与源的距离远近，调用指令可分为段内调用、段间调用两种调用指令，根据指定目的地址方式的不同，调用指令又可分直接调用和间接调用两种调用指令。段内、段间与直接、间接两两组合，共形成 4 条调用指令。调用指令都是无条件的，操作码助记符都是 CALL。

1. 段内直接调用指令

```
指令格式：CALL near_proc      ;SP←SP－2,SS:[SP]←IP,
                              ;IP←near_proc 的偏移地址
```

此指令的功能是先将当前 IP 值(即 CALL 指令的下一条指令的偏移地址)压入堆栈，然后将 near_proc 子程序的偏移地址赋给 IP，CS 不变，从而使程序跳转到同一段中的 near_proc 子程序入口。

2. 段内间接调用指令

```
指令格式：CALL reg16/mem16 ;SP←SP－2,SS:[SP]←IP,
                           ;IP←reg16/mem16
```

此指令的功能是先将当前 IP 值(即 CALL 指令的下一条指令的偏移地址)压入堆栈，然后将16位的寄存器操作数或存储器操作数赋给IP,CS不变,从而使程序跳转到同一段中的一个子程序入口。

3. 段间直接调用指令

指令格式:CALL far_proc ;SP←SP－2,SS:[SP]←CS,
;SP←SP－2,SS:[SP]←IP,
;IP←far_proc的偏移地址,
;CS←far_proc的段地址

此指令的功能是先将当前CS值和IP值(即CALL指令的下一条指令的段地址和偏移地址)压入堆栈,然后将far_proc子程序的偏移地址赋给IP,段地址赋给CS,从而使程序跳转到另一个段中的far_proc子程序入口。

4. 段间间接调用指令

指令格式:CALL mem32 ;SP←SP－2,SS:[SP]←CS,
;SP←SP－2,SS:[SP]←IP,
;IP←[mem32],
;CS←[mem32＋2]

此指令的功能是先将当前CS值和IP值(即CALL指令的下一条指令的段地址和偏移地址)压入堆栈,然后将32位存储器操作数的前2字节赋给IP,后2字节赋给CS,从而使程序跳转到另一个段中的一个子程序入口。

从以上调用指令的功能描述可以看出,调用指令相当于组合了PUSH指令和JMP指令的功能。段内调用相当于执行了一条PUSH IP指令,再执行段内的直接或间接JMP指令;段间调用相当于执行了PUSH CS和PUSH IP指令,再执行段间的直接或间接JMP指令。直接调用指令在机器码中直接指明子程序的偏移地址(和段地址),间接调用指令是从寄存器或存储器中取出偏移地址(和段地址)赋给IP(和CS)。调用指令将IP(和CS)压入堆栈的目的是保护返回地址,在子程序结束时必须用返回指令从堆栈中弹出返回地址,从而实现从子程序返回主程序。

7.1.2 返回指令

1. 一般返回指令

指令格式:RET ;若是段内返回,则:IP←SS:[SP],SP←SP＋2
;若是段间返回,则:IP←SS:[SP],SP←SP＋2,
CS←SS:[SP],SP←SP＋2

段内返回指令执行的操作是,从堆栈顶部弹出2个字节赋给IP;段间返回指令执行的操作是,先从堆栈顶部弹出2个字节赋给IP,再从堆栈顶部弹出2个字节赋给CS。因为在主程序中,不管是直接调用还是间接调用,也不管是段内调用还是段间调用,CALL指令已经把下一条指令的地址压入堆栈,所以,RET指令将从堆栈中弹出的值作为返回地址,程序就可以回到主程序中CALL指令的下一条指令继续运行。

从CALL指令和RET指令的功能可以看出,段内返回指令与段内的直接或间接调用指令配合使用;段间返回指令与段间的直接或间接调用指令配合使用。段内调用和段间调用的操作数是明显不同的,据此可区分段内和段间的 CALL 指令,但 RET 指令只有一种格式,是段内返回还是段间返回由过程(子程序)定义伪指令中的"子程序类型"决定。

2. 带参数返回指令

指令格式:RET nn ;执行 RET 的功能后,SP←SP+nn

此指令中的参数 nn 是一个 16 位的常数。带参数的 RET 指令先执行一般 RET 的功能,然后将 SP 值加上参数 nn 植,这一功能是为了释放传递参数用到的堆栈空间,因为堆栈操作都是字操作,所以,nn 必须为偶数。

7.1.3 过程定义伪指令

```
伪指令格式:子程序名 PROC 类型
                    ……
                    RET
            子程序名 ENDP
```

在汇编语言中,子程序也称为过程,以 PROC 伪指令开始,ENDP 伪指令结束,子程序名实际上用来指明子程序的入口地址。子程序中必须至少有一条 RET 指令,且子程序结构必须保证 RET 指令能被执行到。

子程序的类型有 NEAR 和 FAR 两种,NEAR 类型即为段内类型,子程序与主程序在同一个代码段中;FAR 类型即为段间类型,子程序与主程序在不同的代码段中。PROC 伪指令中的"类型"可以省略,若省略,则默认的类型为 NEAR。

在汇编过程中,汇编程序根据 PROC 伪指令中的"类型"将主程序中的直接 CALL 指令解释为相应的段内或段间调用,同样地,汇编程序还根据 PROC 伪指令中的"类型",将此子程序中的所有 RET 指令解释为相应的段内或段间返回指令。

第五章中的子程序定义没有使用 PROC 伪指令,是一种简化的定义方法,子程序的类型是 NEAR。2.3 节中表 2.2 的源程序结构中也有子程序定义和调用的例子。

7.1.4 处理机控制指令

在前面的各章节中,我们已经详细讲解了数据传送指令、算术运算指令、逻辑运算指令、移位指令、程序控制指令和串操作指令,在本小节中,我们要简单讲解最后一类指令,即处理机控制类指令。

处理机控制控制类指令又分为标志位操作指令和外部事件同步指令两类。其中,对进位/借位标志操作和对方向标志操作的指令在前面的章节中已经使用过,其余的处理机控制指令都与硬件功能有关,先有所了解,以后在接口技术课程中可能会用到这些指令。

1. 标志位操作指令

①进位/借位标志操作指令

指令格式:CLC ;CF←0

指令格式:STC ;CF←1

指令格式:CMC ;CF←取反

②方向标志操作指令

指令格式:CLD ;DF←0

指令格式:STD ;DF←1

③中断允许标志操作指令

指令格式:CLI ;IF←0

指令格式:STI ;IF←1

2. 外部事件同步指令

指令格式:NOP ;空操作,占用一条指令的执行时间,但不执行任何操作。

指令格式:HLT ;暂停,等待中断,中断结束后继续执行下面的指令。

指令格式:WAIT;等待,检查/TEST 引脚,若无效则结束等待。

指令格式:ESC mem ;交权指令,传送数据给协处理器。

指令格式:LOCK;总线封锁,是指令前缀,发出总线封锁信号。

7.2 子程序编程基本原理

子程序是汇编语言实现模块化程序设计的唯一方法,在汇编语言编程中,解决一个复杂的实际问题,要先将其分解成一些功能模块,每个功能模块一般用一个子程序实现,主程序按一定的逻辑关系调用这些子程序,从而完成全部的功能。当然,为了便于调试和维护,子程序的规模不宜过大,以 50～100 条指令为宜。汇编语言中的子程序与高级语言中的函数或过程作用类似,原理也相近,但也有其特殊性,必须注意。

7.2.1 通用子程序

在高级语言编程中,我们一般要将功能相近的模块编写成通用函数,主程序中根据不同的功能要求,用不同的参数调用这些通用函数,这样不仅可以大大减少编程工作量和调试工作量,还可以大大提高程序的可信性和可靠性。

同样的道理,在汇编语言编程中,功能相近或需要重复使用的模块也应该编写成通用子程序。符合以下三个特点的子程序才是通用子程序。

①在不改动子程序中的任何一条指令的前提下,主程序用不同的入口参数调用此子程序能得到不同的结果即出口参数。主程序传递给子程序的参数称为入口参数,子程序传递给主程序的参数称为出口参数。

②主程序可以使用任何寄存器,在调用子程序之前和之后,这些寄存器的值必须保持不变。即子程序不能影响主程序对寄存器的使用。

③编写主程序的程序员只需知道子程序的功能和参数传递关系,不必了解子程序的实现细节。

第五章中的系统功能调用实际上就是 DOS 操作系统提供的通用子程序,与本章所讲的通用子程序相比,基本原理是完全一样的,不同之处只有一点,系统功能调用是用“INT 21H”指令调用,而本章所讲的通用子程序是用“CALL”指令调用。

7.2.2 主程序与子程序间参数传递

为了理解汇编语言编程中主程序与子程序间的参数传递,我们先回顾一下高级语言编程中主函数与子函数间的参数传递的规则。高级语言中主函数与子函数传递间的参数传递按传递的方向分入口参数和出口参数分为 2 种,从主函数传递进子函数的参数称为入口参数,从子函数传递回主程序的参数称为出口参数。入口参数是靠实际参数与形式参数(也称为实元和哑元)的对应关系来传递的,出口参数是靠 RETURN 语句来传递的,入口参数的数量没有限制,出口参数最多只能 1 个,若需要多个出口参数,则必须使用指针型变量来传递参数的地址。由于语法规则的限制,高级语言编程中,主函数与子函数间的参数传递方法较为单一。

高级语言中编写子函数时最重要的问题就是参数传递问题,按照前一小节所讲的汇编语言通用子程序的 3 个标准中的第一条,编写通用子程序时,最重要问题也是参数传递问题,即主程序用不同的入口参数调用子程序能得到不同的出口参数。与高级语言相比,汇编语言对主程序与子程序间的参数传递没有过多的语法限制,完全由程序员运用编程技巧实现。所以,汇编语言编程中,主程序与子程序间的参数传递的实现较为灵活复杂,可以传递参数本身也可传递参数的地址,程序员可以充分利用各种数据结构进行参数传递。

在第五章表 5.4 的"键盘输入十进制数转换为十六进制数显示"的例子中,子程序 DECBIN 没有入口参数,有一个出口参数用 BX 传递;而 BINHEX 子程序有一个入口参数用 BX 传递,没有出口参数。

按不同原理区分,参数传递可归纳为以下 4 种方法:

1. 用寄存器传递数或地址;
2. 用内存变量直接传递;
3. 用参数表或地址表传递;
4. 用堆栈传递数或地址。

各种参数传递方法的原理与使用方法将在下一节中详细讨论。

7.2.3 保护现场、恢复现场

通用子程序的第二条标准是子程序不能影响主程序对寄存器的使用,用保护现场和恢复现场的方法可以解决这个问题。子程序中肯定要用到一些寄存器,可能有些寄存器是用来传递参数的,有些寄存器是用来存中间变量的,这些不是用于传递参数的寄存器称为现场寄存器,简称现场。

保护现场就是:在子程序使用现场寄存器之前,把这些寄存器值传送到某些暂存单元中以实现保护的目的;恢复现场就是:在子程序结束要返回主程序之前,将暂存单元中的数据赋回给相应寄存器。很显然,进行了保护现场、恢复现场操作的子程序就能符合通用子程序的第二条标准,即主程序可以使用任何寄存器,在调用子程序之前和之后,这些寄存器的值必须保持不变。

按照暂存单元位置的不同,实现保护现场、恢复现场的办法一般有 2 种,一是暂存单元设置在数据段或扩展段中;二是利用堆栈段作为暂存单元。

1. 第一种方法:在数据段或扩展段中设置暂存单元,在子程序的开始处,用 MOV 指令将现场寄存器存入暂存单元中,在子程序的结束处(RET 指令之前),还是用 MOV 指令从暂存单元中取回现场寄存器的值。

第五章表 5.4 程序中的 DECBIN 子程序和 BINHEX 子程序都没有考虑保护现场、恢复现场的问题，所以不能算是通用子程序，现用第一种方法，将暂存单元设置在数据段中，改写后如表 7.1 所示，其中省略号部分与原程序一样，不必修改。

表 7.1　用暂存单元保护恢复现场程序

```
DATA    SEGMENT
……
ECHO3   DB   "TOO BIG!  $";数据段中原来的变量数据不变
SAVE1   DW   ?              ;数据段中增加一些暂存单元
SAVE2   DW   ?
SAVE3   DW   ?
DATA    ENDS
CRLF    MACRO              ;宏指令不用修改
        ……
ENDM
CODE    SEGMENT
ASSUME CS:CODE,DS:DATA
START:
  MOV  AX,DATA
  MOV  DS,AX               ;主程序不用修改
REPEAT:
       ……
  JMP   REPEAT
DECBIN:
  MOV  SAVE1,AX            ;用 MOV 指令保护现场
  MOV  SAVE2,CX
  MOV  SAVE3,DX
  MOV  BX,0
NEW:
  ……   ;子程序主体部分不必修改
  JMP   NEW
EXIT:
  MOV  AX,SAVE1            ;用 MOV 指令恢复现场
  MOV  CX,SAVE2
  MOV  DX,DAVE3
  RET
toobig:                    ;输入错误处理部分不用修改
  ……
  mov   ah,4ch             ;程序结束
  int   21h
BINHEX:
  MOV  SAVE1,AX            ;用 MOV 指令保护现场
  MOV  SAVE2,CX
  MOV  SAVE3,DX
  MOV  CH,4
```

```
ROTATE:
  ……                       ;子程序主体部分不必修改
  INT    21H
  MOV    AX,SAVE1          ;用 MOV 指令恢复现场
  MOV    CX,SAVE2
  MOV    DX,SAVE3
 RET
CODE   ENDS
END   START
```

两个子程序中都用到了 AX、CX、DX 寄存器，所有要保护；BX 用于传递参数，所以不要保护。实际上，两个子程序都用到了算术和逻辑运算指令，会影响到条件标志位，所以标志寄存器也应该保护。但是，此例子中没有保护标志寄存器，因为，有关标志寄存器操作的指令，要么只能传送低 8 位，要么只能用堆栈，在这里使用不方便。采用第二种方法保护现场、恢复现场，则此问题就可解决。

从以上例子中还可以看出：为了节省存储单元，不同子程序所使用的暂存单元可以共用。

2. 第二种方法：利用堆栈段作为暂存单元，在子程序的开始处，用 PUSH 指令将现场寄存器压入堆栈；在子程序的结束处(RET 指令之前)，用 POP 指令弹出。因为堆栈是先进后出的存储区域，所以，必须注意 PUSH 指令和 POP 指令所操作的寄存器的顺序必须相反。

下面用第二种方法，将暂存单元设置在堆栈段中，改写表 7.1 程序后如表 7.2 所示，其中省略号部分与原程序一样，不必修改。

表 7.2　用堆栈段保护恢复现场程序

```
DATA    SEGMENT
……                                  ;数据段中原来的变量数据不变
DATA    ENDS
CRLF    MACRO                        ;宏指令不用修改
        ……
ENDM
CODE    SEGMENT
ASSUME CS:CODE,DS:DATA
START:
  MOV   AX,DATA
  MOV   DS,AX                        ;主程序不用修改
REPEAT:
  ……
  JMP   REPEAT
;子程序,键盘输入十进制数,转十六进制数。
;入口参数:无
;出口参数:BX=十六进制数
DECBIN:
  PUSH  AX                           ;保护现场
  PUSH  CX
  PUSH  DX
  PUSHF
```

```
    MOV  BX,0
NEW:
    ……                         ;子程序主体部分不必修改
    JMP   NEW
EXIT:
    POPF                       ;恢复现场
    POP  DX
    POP  CX
    POP  AX
    RET
toobig:                        ;输入错误处理部分不用修改
    ……
    mov  ah,4ch                ;程序结束
    int  21h
;子程序,十六进制数显示。
;入口参数:BX=十六进制数
;出口参数:无
BINHEX:
    PUSH AX                    ;保护现场
    PUSH CX
    PUSH DX
    PUSHF
    MOV  CH,4
ROTATE:
    ……                         ;子程序主体部分不必修改
    INT  21H
    POPF                       ;恢复现场
    POP  DX
    POP  CX
    POP  AX
RET
CODE ENDS
END  START
```

在此例中,保护和恢复标志寄存器很简单,分别用 PUSHF 和 POPF 指令即可。当然在表7.1程序中,也可用这种方法保护和恢复标志寄存器。必须强调的是:若子程序用到了会影响到条件标志位的算术运算、逻辑运算和移位等指令,则必须保护和恢复标志寄存器,这点是初学者容易忽视的,必须特别注意。

还必须特别注意的是,若子程序中有几个分支,从而有多个出口(即有多条 RET 指令)时,在每条 RET 指令前都必须有一组 POP 指令恢复现场。

当然,从原理上看,保护现场、恢复现场的操作也可以在主程序中进行,效果与在子程序中进行是一样的。但是这种方法是不可取的,因为这种方法违背了通用子程序的第三条标准,编写主程序的程序员要查看子程序中用了哪几个寄存器,才能决定哪些寄存器是需要保护的。

为了符合通用子程序的第三条标准,编写子程序必须注意:在子程序开始处,对子程序的

功能、入口参数、出口参数等信息进行注解说明。只需阅读这几行说明，而不必读懂整个子程序，编写主程序的程序员就可以知道应如何调用此子程序。表 7.2 程序按此要求对两个子程序都进行了说明。在平时的编程练习中，同学们要注意养成严格按规范格式编写程序的习惯。

7.2.4 子程序与宏指令的区别

在理解了子程序的基本编程原理后，我们就可以比较一下子程序和宏指令的区别了。

(1)语法规则不同：子程序放在代码段中，一般在主程序之后；而宏指令不放在任何段中，是独立于段的一种结构，一般放在代码段之前。

(2)工作原理不同：子程序的调用和返回是运行时才处理的，而宏指令的调用(即展开)是在汇编时就处理了。

(3)机器码长度不同：对子程序调用而言，不管有多少个子程序调用，子程序的代码只有一组，所以子程序能缩短整个程序的机器代码总长度；对宏调用而言，有多少个宏调用，就对应多少组机器代码，所以宏指令只能简化源程序，不能缩短程序的机器代码总长度。

(4)参数传递方法不同：子程序与主程序的参数传递也是在执行阶段中处理的，如前文所述有 4 种数据结构可以使用。宏指令的参数传递采用的是与高级语言函数一样的方法，即实际参数与形式参数传递的方法。关于宏指令的参数传递方法及详细语法规则请查阅有关教材和参数书，本书不作详细论述。

(5)执行速度不同：子程序必须保护现场、恢复现场，所以调用、返回时要占用额外时间，而宏指令调用不必保护现场、恢复现场，所以执行速度快。

(6)使用场合不同：从理论上说，程序中使用的任何宏指令都可以改用子程序实现，反之亦然，程序中使用的任何子程序都可以改用宏指令实现。但是，在编程实践中，还是要根据实际需要选择使用子程序或者宏指令。综合考虑以上子程序与宏指令的不同特点，指令条数少，要求速度快的功能模块宜用宏指令，指令条数多，速度要求不快的功能模块宜用子程序；参数传递变化多甚至在操作码上也有变化的功能模块宜用宏指令，参数传递较固定的功能模块宜用子程序。

7.3 子程序与主程序参数传递

本节用一个简单的例了来详细讨论子程序与土程序间传递参数的各种方法的编程原理。题目是这样的：数据段中有 BCD1、BCD2 两个单字节的 BCD 码，将它们分别转换为十六进制数，存回 HEX1、HEX2 变量中，即数据段的定义如下：

```
DATA  SEGMENT
  BCD1  DB  ?   ;存 BCD 码
  HEX1  DB  ?   ;存十六进制数
  BCD2  DB  ?   ;存 BCD 码
  HEX2  DB  ?   ;存十六进制数
DATA  ENDS
```

针对这个题目，很显然应该将“一个字节 BCD 码转换为一个字节十六进制数”编写成一个通用子程序，在主程序中两次调用此子程序即可。在仔细理解各种参数传递方法的异同点的同时，也要了仔细理解保护现场、恢复现场的问题。

7.3.1 寄存器传递

寄存器可以传递数值本身，也可以传递数的地址，第五章所述的系统功能调用和中断调用都是采用这种方法。这是汇编编语言编程中最简单、最常用的参数传递方法。

1. 寄存器传递数

对于入口参数：

首先，在主程序中，将入口参数赋给指定寄存器；

然后，调用子程序；

最后，在子程序中，从指定寄存器中取出参数使用。

对于出口参数：

首先，在子程序中，将出口参数赋给指定寄存器；

然后，返回主程序；

最后，在主程序中，从指定寄存器中取出参数使用。

寄存器传递数的程序清单如表 7.3 所示，注释中带 * 号的指令实现了参数传递的功能。

表 7.3 寄存器传递数法程序

```
DATA  SEGMENT
BCD1  DB  ?
HEX1  DB  ?
BCD2  DB  ?
HEX2  DB  ?
DATA  ENDS
CODE  SEGMENT
ASSUME CS:CODE,DS:DATA
START:
  MOV  AX,DATA
  MOV  DS,AX           ;段寄存器赋初值
  MOV  AL,BCD1         ;*第 1 个 BCD 码变量赋给 AL 作为入口参数
  CALL BCDHEX          ;调用子程序,BCD 码转换为十六进制数
  MOV  HEX1,AL         ;*出口参数 AL 为十六进制数,存到第 1 个十六进制变量中
  MOV  AL,BCD2         ;*第 2 个 BCD 码转换
  CALL BCDHEX
  MOV  HEX2,AL         ;*
  MOV  AH,4CH          ;返回 DOS
  INT  21H
BCDHEX PROC NEAR
  PUSHF
  PUSH CX              ;保护现场
  MOV  CH,AL
  AND  CH,0FH          ;BCD 码低位暂存 CH 中
  AND  AL,0F0H         ;BCD 码高位暂存 AL 中
  MOV  CL,4
```

```
  ROR    AL,CL              ;BCD高位移到低位上
  MOV    CL,0AH
  MUL    CL                 ;高位×0AH
  ADD    AL,CH              ;加低位
  POP    CX                 ;恢复现场
  POPF
  RET
BCDHEX   ENDP
CODE   ENDS
END   START
```

表 7.3 程序中,入口参数 BCD1、BCD2 用 AL 传递,出口参数 HEX1、HEX2 也用 AL 传递,当然,入口参数和出口参数都用 AL 不是必须的,只是为了节省寄存器,实际上 8 个通用寄存器都是可以用来传递参数。

2. 寄存器传递地址

首先,在主程序中,将入口参数和出口参数的地址赋给指定寄存器;

然后,调用子程序;

第三步,在子程序中,用指定寄存器的内容作为地址,取出入口参数或存入出口参数;

最后,返回主程序后不必做任何操作。

寄存器传递地址的程序清单如表 7.4 所示。

表 7.4　寄存器传递地址法程序

```
DATA   SEGMENT
BCD1   DB   ?
HEX1   DB   ?
BCD2   DB   ?
HEX2   DB   ?
DATA   ENDS
CODE   SEGMENT
ASSUME CS:CODE,DS:DATA
START:
  MOV    AX,DATA
  MOV    DS,AX              ;段寄存器赋初值
  LEA    SI,BCD1            ;第1个BCD码变量地址赋给SI作为入口参数
  LEA    DI,HEX1            ;第1个十六进制变量地址赋给DI作为入口参数
  CALL   BCDHEX             ;调用子程序,BCD码转换为十六进制数,无出口参数
  LEA    SI,BCD2            ;第2个BCD码变量地址赋给SI作为入口参数
  LEA    DI,HEX2            ;第2个十六进制变量地址赋给DI作为入口参数
  CALL   BCDHEX             ;调用子程序,BCD码转换为十六进制数,无出口参数
  MOV    AH,4CH             ;返回DOS
  INT    21H
BCDHEX   PROC NEAR
  PUSHF
  PUSH CX                   ;保护现场
```

```
    PUSH AX
    MOV  AL,[SI]          ;*取BCD码
    MOV  CH,AL
    AND  CH,0FH           ;BCD码低位暂存CH中
    AND  AL,0F0H          ;BCD码高位暂存AL中
    MOV  CL,4
    ROR  AL,CL            ;BCD高位移到低位上
    MOV  CL,0AH
    MUL  CL               ;高位×0AH
    ADD  AL,CH            ;加低位
    MOV  [DI],AL          ;*存十六进制数
    POP  AX
    POP  CX               ;恢复现场
    POPF
    RET
BCDHEX ENDP
CODE   ENDS
END  START
```

表 7.4 程序中,用 SI、DI 作为入口参数分别传递 BCD 码的地址和十六进制数的地址,在子程序中用 SI 作为地址取 BCD 码进行计算,用 DI 作为地址将十六进制数存入结果单元中。当然,因为 BCD 码和十六进制数是在相邻地址存放的,2 个地址参数可以合并为 1 个参数,同学们可自行修改。

仔细研究表 7.4 程序,从程序功能角度看,BCD1、BCD2 是入口参数,HEX1、HEX2 是出口参数,从程序结构角度看,BCD1、HEX1 和 BCD2、HEX2 的地址都是入口参数。实际上,表 7.4 程序是把表 7.3 程序的入口参数从 AL 转换为 SI,把出口参数从 AL 转换为入口参数 DI。

所以,入口参数和出口参数的概念是相对的,而不是绝对的,寄存器传递数改为传递地址,则把出口参数转换为入口参数。

寄存器传递数和寄存器传递地址还有一个不同点要注意:传递数的方法中,参数值的读取和存储(程序注解中加“*”表示)都在主程序中进行;而传递地址的方法中,参数值的读取和存储(程序注解中加“*”表示)都在子程序中进行。

比较表 7.4 和表 7.3 子程序中保护现场、恢复现场的部分,我们注意到,表 7.3 的子程序中 AL 是传递的参数,所以 AL(AX)不需要保护;而表 7.4 的子程序中 AL(AX)不是传递的参数,所以必须保护。

从以上 2 个例子可以看出,不管是传递数还是传递地址,寄存器传递参数的方法有是简单、方便、通用的优点,但也有缺点,因为 CPU 中的寄存器数量有限,若要传递的参数较多,这种方法就不适用了。

7.3.2 内存变量直接传递

程序中处理的数据一般都是存放在数据段或扩展段中,即是以内存变量的形式出现。所以,主程序可以使用这些变量,当然子程序也可以直接使用这些变量。内存变量直接传递方法的基本原理是这样的:主程序中不必对参数的传递做任何操作,直接调用子程序;子程序直接取出内存变量值使用,或将结果存入内存变量中。程序清单如表 7.5 所示。

表 7.5　内存变量直接传递法程序

```
DATA   SEGMENT
BCD1  DB  ?
HEX1  DB  ?
BCD2  DB  ?
HEX2  DB  ?
DATA  ENDS
CODE  SEGMENT
ASSUME CS:CODE,DS:DATA
START:
  MOV  AX,DATA
  MOV  DS,AX              ;段寄存器赋初值
  CALL  BCDHEX1           ;调用子程序 BCDHEX1,转换第一个数
  CALL  BCDHEX2           ;调用子程序 BCDHEX2,转换第二个数
  MOV  AH,4CH             ;返回 DOS
  INT   21H
BCDHEX1  PROC  NEAR
  PUSHF
  PUSH CX                 ;保护现场
  PUSH AX
  MOV  AL,BCD1            ;*取 BCD 码
  MOV  CH,AL
  AND  CH,0FH             ;BCD 码低位暂存 CH 中
  AND  AL,0F0H            ;BCD 码高位暂存 AL 中
  MOV  CL,4
  ROR  AL,CL              ;BCD 高位移到低位上
  MOV  CL,0AH
  MUL  CL                 ;高位×0AH
  ADD  AL,CH              ;加低位
  MOV  HEX1,AL            ;*存十六进制数
  POP  AX
  POP  CX                 ;恢复现场
  POPF
  RET
BCDHEX1  ENDP
BCDHEX2  PROC  NEAR
  PUSHF
  PUSH CX                 ;保护现场
  PUSH AX
  MOV  AL,BCD2            ;*取 BCD 码
  MOV  CH,AL
  AND  CH,0FH             ;BCD 码低位暂存 CH 中
  AND  AL,0F0H            ;BCD 码高位暂存 AL 中
  MOV  CL,4
```

```
    ROR   AL,CL              ;BCD高位移到低位上
    MOV   CL,0AH
    MUL   CL                 ;高位×0AH
    ADD   AL,CH              ;加低位
    MOV   HEX2,AL            ;＊存十六进制数
    POP   AX
    POP   CX                 ;恢复现场
    POPF
    RET
BCDHEX2  ENDP
CODE  ENDS
END  START
```

将表 7.5 的 BCDHEX1 子程序或 BCDHEX2 子程序与表 7.4 中的 BCDHEX 子程序相比，我们发现，只是在注解上加“＊”号的 2 条指令上有改动，子程序其余指令不变。因为在子程序中直接使用了内存变量，所以将 BCD1 转换为 HEX1 和将 BCD2 转换为 HEX2 两个功能无法使用同一个子程序。BCDHEX1 子程序和 BCDHEX2 子程序，程序功能完全一样，只是参数不同，编成两个子程序略显不合理。

根据以上分析知道，内容变量直接传递方法的缺点的不通用，即只能对一组参数进行操作，不能对多组参数操作，对应一组参数必须有一个子程序；但此方法也有优点，就是不需要使用任何寄存器进行参数传递，参数数量不限，而且也有原理简单、编程简便的优点。当然，如果题目只要求将 BCD1 转换为 HEX1，不要求将 BCD2 转换为 HEX2，则内存变量直接传递法就非常适用了。实际编程中，这种情况也是很常见的。

7.3.3 参数表传递和地址表传递

前面讨论的寄存器传递法和内存变量传递法都有原理简单、编程简便的优点，但是，其余优缺点正好是互补的。寄存器传递方法通用但参数数量有限，内存变量直接传递方法参数数量不限但不通用。所以我们就思考，能不能找到一种方法，把以上两种方法的缺点都克服掉，把优点都继承下来？这种方法是可以找到的，就参数表传递法和地址表传递法。

1. 参数表传递

首先，在数据段中，定义一个表格，用来存放所有入口参数和出口参数；

然后，在主程序中，将入口参数传送到表格中，调用子程序；

第三步，在子程序中，从参数表格取出入口参数使用，子程序处理结束时，将出口参数填入表格中；

最后，返回主程序后，从参数表格中取出出口参数就得到最终的结果。

在这种方法中，主程序与子程序完全靠数据段中的参数表格发生联系，所以称为参数表法，程序清单如表 7.6 所示。

表 7.6 参数表传递法程序

```
DATA  SEGMENT
BCD1  DB  ?
HEX1  DB  ?
```

```
BCD2  DB  ?
HEX2  DB  ?
TABLE  DB  2  DUP(?)      ;参数表,2个字节参数
DATA  ENDS
CODE  SEGMENT
ASSUME CS:CODE,DS:DATA
START:
  MOV  AX,DATA
  MOV  DS,AX              ;段寄存器赋初值
  MOV  AL,BCD1            ;第1个BCD码变量值存入参数表中
  MOV  TABLE,AL
  CALL  BCDHEX            ;调用子程序,BCD码转换为十六进制数
  MOV  AL,TABLE+1         ;从参数表中取出十六进制数结果存HEX1中
  MOV  HEX1,AL
  MOV  AL,BCD2            ;第2个BCD码变量值存入参数表中
  MOV  TABLE,AL
  CALL  BCDHEX            ;调用子程序,BCD码转换为十六进制数
  MOV  AL,TABLE+1         ;从参数表中取出十六进制数结果存HEX2中
  MOV  HEX2,AL
  MOV  AH,4CH             ;返回DOS
  INT  21H
BCDHEX PROC NEAR
  PUSHF
  PUSH CX                 ;保护现场
  PUSH AX
  MOV  AL,TABLE           ;*从参数中取BCD码
  MOV  CH,AL
  AND  CH,0FH             ;BCD码低位暂存CH中
  AND  AL,0F0H            ;BCD码高位暂存AL中
  MOV  CL,4
  ROR  AL,CL              ;BCD高位移到低位上
  MOV  CL,0AH
  MUL  CL                 ;高位×0AH
  ADD  AL,CH              ;加低位
  MOV  TABLE+1,AL         ;*将十六进制数存入参数表中
  POP  AX
  POP  CX                 ;恢复现场
  POPF
  RET
BCDHEX  ENDP
CODE  ENDS
END  START
```

程序中,变量"TABLE DB 2 DUP(?)"就是参数表,因为入口参数和出口参数各为1字节,所以参数表定义2个字节就够了。从程序原理可以看出,如果参数较多,增加参数表的字

节数就行了，不会出现寄存器不够用的问题。当然，在参数表中也可以让入口参数和出口参数共用一个单元，以节省存储空间，请同学们自行修改。

在参数表传递法中，针对 BCD1 和 BCD2 两个数据的转换，用同一个 BCDHEX 子程序就可以了，所以这种方法是通用的，参数数量又不受限制，所以这种方法集合了寄存器传递法和内存变量直接传递法的优点。

但是，这种方法又存在一个新的缺点，就是建立参数表要多占用内存空间。当参数量特别大时，不仅参数表占用了大量存储空间，而且把入口参数传送到参数表中和从参数表取出出口参数的操作也要浪费太多的时间。所以，如果要传递的参数是一个数组，参数表法是不可取的。

2. 地址表传递

从前面的分析我们知道，当参数数量大时，参数表法就不适用了。这时，若大量参数是在连续地址中存放的，则我们可以不必将所有参数都当成参数，只是把大量参数的首地址当成参数传递，子程序中根据此首地址可以对所有参数进行操作。这就是地址表传递法，其基本原理如下：

首先，在数据段中，定义一个地址表格，用来存放所有入口参数和出口参数的地址；

然后，在主程序中，将入口参数和出口参数的地址传送到表格中，调用子程序；

第三步，在子程序中，从地址表格取出参数的地址，根据地址读取入口参数，或存入出口参数；

最后，返回主程序后不必做任何操作。

地址表传递法的程序清单如表 7.7 所示。

表 7.7 地址表传递法程序

```
DATA  SEGMENT
BCD1  DB  ?
HEX1  DB  ?
BCD2  DB  ?
HEX2  DB  ?
TABLE  DW  2  DUP(?)          ;地址表，2个参数，每个参数地址1个字
DATA  ENDS
CODE  SEGMENT
ASSUME CS:CODE,DS:DATA
START:
  MOV  AX,DATA
  MOV  DS,AX                  ;段寄存器赋初值
  MOV  TABLE,OFFSET BCD1      ;BCD1 地址存入地址表中
  MOV  TABLE+2,OFFSET HEX1    ;HEX1 地址存入地址表中
  CALL  BCDHEX                ;调用子程序，BCD 码转换为十六进制数
  MOV  TABLE,OFFSET BCD2      ;BCD2 地址存入地址表中
  MOV  TABLE+2,OFFSET HEX2    ;HEX2 地址存入地址表中
  CALL  BCDHEX                ;调用子程序，BCD 码转换为十六进制数
  MOV  AH,4CH                 ;返回 DOS
  INT  21H
```

```
BCDHEX PROC NEAR
    PUSHF
    PUSH  CX                    ;保护现场
    PUSH  AX
    PUSH  BX                    ;＊子程序用 BX 当地址指针,所以要保护
    MOV   BX,TABLE              ;＊地址表中取出 BCD 码的地址赋给 BX
    MOV   AL,[BX]               ;＊用 BX 地址取 BCD 码
    MOV   CH,AL
    AND   CH,0FH                ;BCD 码低位暂存 CH 中
    AND   AL,0F0H               ;BCD 码高位暂存 AL 中
    MOV   CL,4
    ROR   AL,CL                 ;BCD 高位移到低位上
    MOV   CL,0AH
    MUL   CL                    ;高位×0AH
    ADD   AL,CH                 ;加低位
    MOV   BX,TABLE+2            ;＊地址表中取出 HEX 的地址赋给 BX
    MOV   [BX],AL               ;＊用 BX 地址存十六进制数
    POP   BX                    ;＊
    POP   AX
    POP   CX                    ;恢复现场
    POPF
    RET
BCDHEX  ENDP
CODE  ENDS
END  START
```

在子程序中,注解中加"＊"的指令是与参数表法相比有修改的指令。子程序中用了 BX 作为地址指针,所以要把它当现场寄存器保护。与寄存器传递地址法一样,2 个地址参数可以合并为 1 个使用,以节省地址表所占用的存储空间,同学们可自行修改。

地址表传递法的表格用了 4 个字节,而参数表传递法的表格只用了 2 个字节,地址表更浪费内存空间;读取入口参数和存入出口参数时,地址表传递法要用 2 条指令,而参数表传递法只用 1 条指令。从以上 2 点可以看出,地址表传递法比参数表传递略为繁琐,但若要传递的参数不是一个数,而是一个数组时,地址表传递法的优势就显现出来了,这时地址表只需存数组的首地址,占用一个字。

与寄存器传递地址法一样,地址表传递法实际上是把参数表传递法的入口参数和出口参数都统一成入口参数来处理了。在调用子程序之前,主程序只需将各个参数的地址存入地址表,对参数的具体读取和存入处理都在子程序中进行。显然传递地址的方法比传递参数的方法更规范,易于掌控,不易出错。当然,为了编程方便,有时也可将参数传递法和地址传递法混合使用。

7.3.4 堆栈传递

参数表传递法和地址表传递克服了前 2 种方法的缺点,又综合了前 2 种方法的优点,是比较理想的参数传递方法。但是,参数表传递法和地址表传递法都需占用一定数量的内存空间

作为表格来传递参数或地址。若有一种方法能在保持其通用性和灵活性等优点的前提下，节省此表格空间的使用，这种方法就是最理想的方法了。

从理论上分析，要节省参数表或地址表所占用的内存空间，有两种办法，第一种办法是，将此内存空间与其他子程序共用，也就是，当不进行参数传递时，此空间给其他子程序作另外的用途。这种方法理论上是成立的，但与模块化程序设计的要求是背离的，所以这种方法是不可取的。

第二种办法，也是唯一可取的方法是，将参数表或地址表移到堆栈段中，这种方法就称为堆栈传递法。因为堆栈是各个子程序可以共同使用、重复使用的空间。相应于参数表传递法，可将参数压入堆栈以实现传递；相应于地址表传递法，可将参数的地址压入堆栈以实现传递。高级语言函数的参数传递实际上就是采用堆栈传递的方法。

1. 堆栈传递数

对于入口参数：

首先，在主程序中，用 PUSH 指令将入口参数压入堆栈中；

然后，调用子程序；

最后，在子程序中，用 MOV 指令从堆栈中取出入口参数使用。

对于出口参数：

首先，在子程序中，用 MOV 指令将出口参数存入堆栈的堆底部位置；

然后，返回主程序；

最后，在主程序中，用 POP 指令从堆栈中弹出出口参数使用。

堆栈传递数法的程序清单如表 7.8 所示，请注意理解注释中加 * 号的指令，与表 7.6 的参数表法程序或表 7.7 的地址表法程序相比，这些指令是增加的或有修改的。

表 7.8 堆栈传递数法程序

```
DATA   SEGMENT
BCD1   DB   ?
HEX1   DB   ?
BCD2   DB   ?
HEX2   DB   ?
DATA   ENDS
STACK  SEGMENT                          ;*定义堆栈段
TOP    DW   32   DUP(?)                 ;*
STACK  ENDS                             ;*
CODE   SEGMENT
ASSUME CS:CODE,DS:DATA,SS:STACK         ;*
START:
  MOV  AX,DATA
  MOV  DS,AX                    ;数据段寄存器赋初值
  MOV  AX,STACK
  MOV  SS,AX                    ;*堆栈段寄存器赋初值
  MOV  SP,SIZE TOP              ;*堆栈指针赋初值
  MOV  AL,BCD1                  ;*入口参数 BCD1
  PUSH AX                       ;*压入堆栈中
```

```
    CALL  BCDHEX          ;调用子程序,BCD 码转换为十六进制数
    POP   AX              ;*从堆栈中弹出出口参数
    MOV   HEX1,AL         ;*低 8 位存入 HEX1 中
    MOV   AL,BCD2         ;*入口参数 BCD2
    PUSH  AX              ;*压入堆栈中
    CALL  BCDHEX          ;调用子程序,BCD 码转换为十六进制数
    POP   AX              ;*从堆栈中弹出出口参数
    MOV   HEX2,AL         ;*低 8 位存入 HEX2 中
    MOV   AH,4CH          ;返回 DOS
    INT   21H
BCDHEX PROC   NEAR
    PUSHF
    PUSH  CX              ;保护现场
    PUSH  AX
    PUSH  BP              ;*子程序用 BP 当地址指针,所以要保护
    MOV   BP,SP           ;*当前 SP 指针值赋给 BP
    MOV   AL,[BP+10]      ;*用 BP 指针从堆栈中取 BCD 码
    MOV   CH,AL
    AND   CH,0FH          ;BCD 码低位暂存 CH 中
    AND   AL,0F0H         ;BCD 码高位暂存 AL 中
    MOV   CL,4
    ROR   AL,CL           ;BCD 高位移到低位上
    MOV   CL,0AH
    MUL   CL              ;高位×0AH
    ADD   AL,CH           ;加低位
    MOV   [BP+10],AL      ;*用 BP 指针存十六进制数到堆栈的同一地址中
    POP   BP              ;*
    POP   AX
    POP   CX              ;恢复现场
    POPF
    RET
BCDHEX  ENDP
CODE  ENDS
END  START
```

因为要用堆栈传递参数,所以在数据段之后,代码段之前,增加了堆栈段的定义,主程序开始处要对堆栈段寄存器 SS 和堆栈指针寄存器 SP 赋初值,堆栈的大小可根据参数的数量确定。

实际上,调用子程序的 CALL 指令会将返回地址压入堆栈,所以,有调用子程序结构的程序都要用到堆栈段。本章前几种参数传递方法的程序都省略了堆栈段的定义,这种程序就会使用系统默认的堆栈段,这样的程序是不完整的。

为了理解堆栈传递参数的原理,必须详细了解堆栈的使用情况,堆栈传递数法程序的堆栈使用情况如图 7.1 所示。虽然参数为

SP	BP←SP=14H
14H	BP
16H	AX
18H	CX
1AH	FLAGS
1CH	返回IP
1EH	参数
20H	

图 7.1　堆栈传递数的堆栈使用情况

1 字节，但堆栈操作的操作数类型必须为字，所以堆栈中用 1 个字来传递参数，高 8 位无用。

主程序置 SP 初值为 20H，主程序中 PUSH AX 指令将入口参数压入到 1EH 地址中，CALL 指令将返回地址的偏移地址压入 1CH 地址中；子程序中保护现场依次将 FLAGS、CX、AX 和 BP 压入堆栈。每压一个字入堆栈，SP 指针值减 2，所以，最后 SP 指针的值为 14H。子程序中将此值赋给 BP，所以用[BP+10]寻址可以读到主程序压入的参数值。

在子程序中，用[BP+10]寻址将十六进制结果存入堆栈中入口参数存放的同一地址中，经过恢复现场，返回主程序后，SP 指针值变为 1EH，这时用 POP AX 指令正好可以从堆栈中弹出出口参数，SP 指针值恢复为压入参数前的 20H。

从寻址方式的原理可知，用 MOV 等指令对堆栈段操作时必须用 BP 地址指针，当然，用 BX 或 SI 或 DI 为地址指针也是可以的，但必须加段替换前缀。

使用堆栈法传递参数时必须注意，主程序压入参数前和弹出参数后，堆栈指针 SP 值必须相等。若弹出参数后 SP 值比压入参数前 SP 大，则多次调用后，堆栈指针 SP 的值可能大于原设定的初值，这种情况称为“堆栈上溢”；若弹出参数后 SP 值比压入参数前 SP 小，则多次调用后，堆栈指针 SP 的值可能小于 0，这种情况称为“堆栈下溢”。这 2 种情况都会使堆栈的使用超出堆栈段的范围，从而破坏其他段的内容或其他程序的内容，必须严格禁止这 2 种情况发生。

调用子程序前，主程序用多少条 PUSH 压入参数，从子程序返回后，主程序就必须用多少条 POP 指令弹出参数，这样处理就可完全避免发生“堆栈溢出”的错误。此例子正好有一个入口参数和一个出口参数，处理较简单，1 条 PUSH 指令与 1 条 POP 指令对应。若入口参数和出口参数的数量不一致，则必须将 PUSH 指令和 POP 指令的数量凑齐。例如，若要传递 2 个入口参数和 1 个出口参数，则调用子程序前有 2 条 PUSH 将 2 个入口参数压入堆栈，从子程序返回后有 1 条 POP 指令将 1 个出口参数弹出，必须增加 1 条“空操作”的 POP 指令。

2. 堆栈传递地址

用堆栈传递参数地址的基本原理如下：

首先，在主程序中，用 PUSH 指令将入口参数和出口参数的地址压入堆栈段中；

然后，调用子程序；

第三步，在子程序中，用 MOV 指令从堆栈中取出参数的地址，根据地址读取入口参数，或存入出口参数；

最后，返回主程序后不必做任何操作。

堆栈传递地址法的程序清单如表 7.9 所示，请注意理解注释中加 * 号的指令，与表 7.8 的堆栈传递数法程序相比，这些指令是新增加的或有修改的。

表 7.9 堆栈传递地址法程序

```
DATA   SEGMENT
BCD1   DB   ?
HEX1   DB   ?
BCD2   DB   ?
HEX2   DB   ?
DATA   ENDS
STACK SEGMENT                              ;定义堆栈段
TOP   DW   32   DUP(?)
```

```
STACK ENDS;
CODE  SEGMENT
ASSUME CS:CODE,DS:DATA,SS:STACK ;
START:
  MOV   AX,DATA
  MOV   DS,AX                     ;数据段寄存器赋初值
  MOV   AX,STACK
  MOV   SS,AX                     ;堆栈段寄存器赋初值
  MOV   SP,SIZE TOP               ;堆栈指针赋初值
  MOV   AX,OFFSET BCD1            ;*入口参数 BCD1 的地址
  PUSH  AX                        ;*压入堆栈中
  MOV   AX,OFFSET HEX1            ;*出口参数 HEX1
  PUSH  AX                        ;*压入堆栈中
  CALL  BCDHEX                    ;调用子程序,BCD 码转换为十六进制数
  MOV   AX,OFFSET BCD2            ;*入口参数 BCD2 的地址
  PUSH  AX                        ;*压入堆栈中
  MOV   AX,OFFSET HEX2            ;*出口参数 HEX2
  PUSH  AX                        ;*压入堆栈中
  CALL  BCDHEX                    ;调用子程序,BCD 码转换为十六进制数
  MOV   AH,4CH                    ;返回 DOS
  INT   21H
BCDHEX  PROC  NEAR
  PUSHF
  PUSH  CX                        ;保护现场
  PUSH  AX
  PUSH  BX                        ;*
  PUSH  BP                        ;子程序用 BP 当地址指针,所以要保护
  MOV   BP,SP                     ;当前 SP 指针值赋给 BP
  MOV   BX,[BP+14]                ;*用 BP 指针从堆栈中取 BCD 码的地址赋给 BX
  MOV   AL,[BX]                   ;*用 BX 指针读出 BCD 码
  MOV   CH,AL
  AND   CH,0FH                    ;BCD 码低位暂存 CH 中
  AND   AL,0F0H                   ;BCD 码高位暂存 AL 中
  MOV   CL,4
  ROR   AL,CL                     ;BCD 高位移到低位上
  MOV   CL,0AH
  MUL   CL                        ;高位×0AH
  ADD   AL,CH                     ;加低位
  MOV   BX,[BP+12]                ;*用 BP 指针取 HEX 的地址赋给 BX
  MOV   [BX],AL                   ;*用 BX 指针存十六进制数到 HEX 地址中
  POP   BP
  POP   BX                        ;*
  POP   AX
  POP   CX                        ;恢复现场
```

```
POPF
RET   4         ;*
BCDHEX  ENDP
CODE  ENDS
END  START
```

堆栈传递地址法程序的堆栈使用情况如图 7.2 所示,因为有入口参数和出口参数各 1 个,所以堆栈中要用 2 个字传递参数地址。

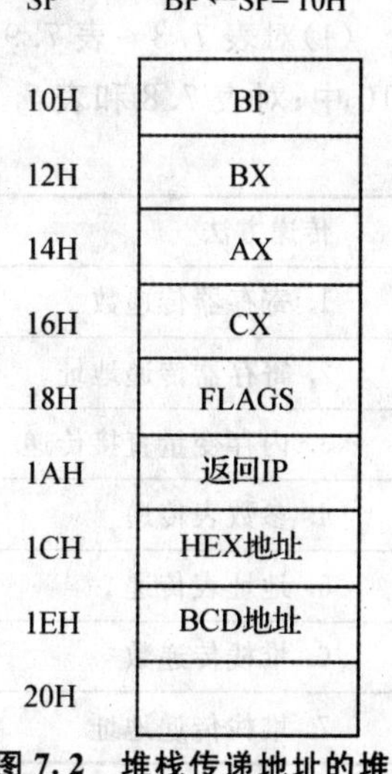

图 7.2　堆栈传递地址的堆栈使用情况

主程序置 SP 初值为 20H,第一条 PUSH 指令将 BCD 地址压入到 1EH 地址中,第二条 PUSH 指令将 HEX 地址压入 1CH 地址中,CALL 指令将返回地址的偏移地址压入 1AH 地址中。

子程序中保护现场依次将 FLAGS、CX、AX、BX 和 BP 压入堆栈。每压一个字入堆栈,SP 指针值减 2,所以,最后 SP 指针的值为 10H。子程序中将此值赋给 BP,所以用[BP+14]和[BP+12]寻址可以分别读到主程序压入的 BCD 和 HEX 的地址值。

在子程序中,从堆栈中读取的参数地址存 BX 中,然后用[BX]寻址就可以读取数据段中入口参数或存入出口参数。用 POP 指令恢复现场后,在执行返回指令之前,SP 指针值变为 1AH,接着用返回指令可以从堆栈中弹出返回地址,从而返回到主程序。这时 SP 指针的值为 1CH,所以必须用带参数的 RET 4 指令来返回主程序,使 SP 指针值恢复为压入参数前的 20H。当然,也可以用 RET 指令返回主程序,然后在主程序中再加 2 条“空操作”的 POP 指令,这样处理较繁琐。

与寄存器传递地址法和地址表传递法一样,堆栈传递地址法实际上是把入口参数和出口参数都统一成入口参数来处理了。在调用子程序之前,主程序只需将各个参数的地址压入堆栈中,对参数的具体读取和存入处理都在子程序中进行。显然堆栈传递地址的方法比传递数的方法更规范,易于掌控,不易出错,特别是当入口参数与出口参数的数量不一致时,堆栈传递地址法比堆栈传递数法的优点就更明显了。

当然,为了编程方便,有时也可将堆栈传递参数的方法和堆栈传递地址的方法混合使用。实际上,参数传递的各种方法都可以混合使用,程序员可以根据编程需要灵活选用。

7.4　子程序参数传递实验

7.4.1　实验目的

(1)掌握主程序与子程序间 4 种参数传递方法的基本编程原理和基本编程方法;
(2)掌握通用子程序的概念和应用;
(3)掌握子程序中保护现场和恢复现场的方法;
(4)掌握子程序调用指令和子程序返回指令的功能与使用。

7.4.2　实验准备

(1)读懂表 7.3～表 7.9 程序,仔细理解编程原理和方法。

(2)按照实验内容要求修改程序。

(3)按照实验内容要求画好调试数据记录表,并准备好供调试的原始数据。表 7.10 是一个样例,其他表格自制。

7.4.3 必做实验

(1)对表 7.3～表 7.9 的子程序参数传递各种方法的程序进行验证,将调试数据填入表 7.10 中;对表 7.8 和表 7.9 的堆栈传递法程序,观察堆栈的使用情况,填写表 7.11。

表 7.10 子程序参数传递调试数据记录

传递方法	BCD1	HEX1	验算	BCD2	HEX2	验算
1. 寄存器传递数						
2. 寄存器传递地址						
3. 内存变量直接传递						
4. 参数表传递						
5. 地址表传递						
6. 堆栈传递数						
7. 堆栈传递地址						

表 7.11 堆栈传递法的堆栈中数据记录

	地址	1EH	1CH	1AH	18H	16H	14H	12H	10H
1. 传送数	地址中的内容								
	保护或保存的对象								
2. 传递地址	地址中的内容								
	保护或保存的对象								

(2)对于表 7.8 和表 7.9 的堆栈传递法程序,将其中的子程序改为段间类型,重新验证程序,观察堆栈的使用情况,自行设计验证数据表格,填写表格。

(3)对于第三章的加、减、乘、除的算术运算程序,任选其中一个程序,改写为主程序调用子程序的结构,并用尽量多的方法进行参数传递,自行设计验证数据表格,验证程序并填写验证数据表格。

7.4.4 选做实验

(1)对于第四章的十六进制与 BCD 码转换的代码转换程序,任选其中一个程序,改写为主程序调用子程序的结构,并用尽量多的方法进行参数传递,自行设计验证数据表格,验证程序并填写验证数据表格。

(2)对于第五章的查表、排序和搜索程序,任选其中一个程序,改写为主程序调用子程序的结构,并用尽量多的方法进行参数传递,自行设计验证数据表格,验证程序并填写验证数据表格。